HP-28C / HP-28S
im Einsatz

HEWLETT-PACKARD

HP-28C / HP-28S
im Einsatz

Gleichungen
Funktionen
Matrizen
Interpolation
Approximation
Differentialgleichungen
Eigenwerte

Erarbeitet von
Rainer Stahl

Springer Fachmedien Wiesbaden GmbH

Das in diesem Buch enthaltene Programm-Material ist mit keiner Verpflichtung oder Garantie irgendeiner Art verbunden. Der Autor und der Verlag übernehmen infolgedessen keine Verantwortung und werden keine daraus folgende oder sonstige Haftung übernehmen, die auf irgendeine Art aus der Benutzung dieses Programm-Materials oder Teilen davon entsteht.

1. Auflage 1988
2., überarbeitete und erweiterte Auflage 1989

Der Verlag Vieweg ist ein Unternehmen der Verlagsgruppe Bertelsmann.

ISBN 978-3-528-14648-1   ISBN 978-3-663-14087-0 (eBook)
DOI 10.1007/978-3-663-14087-0

Inhaltsverzeichnis

1 Problemlösung im Direktmodus

1.1 Einführung

Das vorliegende Übungsbuch erarbeitet einige vielfältig nutz-
bare Problemlösungen mit dem HP 28C sowie HP 28S. Der
Umfang dieses Buchs gestattet nicht, das Leistungsspektrum
des HP 28 wirklich zu entfalten. Dafür setzt der Rechner
zuviele neue Maßstäbe und sprengt bisherige Leistungs-
grenzen. Der größte Teil der Beispiele beruht auf Problemen,
die Sie mit Taschenrechnern bisherigen Zuschnitts nicht lösen
könnten. Die Beispiele sind nicht neu, aber der Rechner bietet
neue und oft überraschende Perspektiven für den Lösungsweg.
Einen fast beliebig komplexen Funktionsterm in symbolischer
Form speichern, ihn auf Nullstellen, Ableitungen, Extremwerte und Integrale untersuchen, die symbolisch ermittelte
Ableitungsfunktion in die Formel eines Linienintegrals direkt
einsetzen oder die Jacobideterminante nutzen, die numerische
Lösung einer Differentialgleichung graphisch darstellen, für
näherungsweise bestimmte Funktionen das Integral mit einer
einfachen Anweisung berechnen - das sind Möglichkeiten, die
man mit Taschenrechnern nicht assoziiert. Die dargestellten
Problemlösungen können in viele Anwendungen einbezogen
werden, da die Formulierung der Aufgabenstellungen jeweils
nur den mathematischen Kern hervorhebt. Die Beispiele
zeigen darüber hinaus, daß eine systematische Problemlösung
mit dem HP 28 nicht künstlich in ein problemfremdes Sprach-
korsett gezwängt werden muß, sondern unter Nutzung der
dargebotenen Funktionen intuitiv formuliert und schließlich
auch durchgeführt werden kann.

Das Buch setzt zwei Schwerpunkte. Der erste Schwerpunkt umfasst Probleme, die mit den eingebauten symbolischen und numerischen Verfahren direkt behandelt werden können. Es geht dabei um die Lösung von Gleichungen, die Analyse von Funktionen und die Lösung von Gleichungssystemen. Sie erhalten jeweils einleitend eine kurze Darstellung der benötigten Funktionsgruppen. Im Anschluß daran werden die Probleme und ihre Lösung vorgestellt. Einige Probleme legen von ihrer Struktur her die Ergänzung der interaktiven Lösung durch einfache Programme nahe, so daß keine scharfe Trennung zwischen interaktiven und programmgestützten Lösungen vollzogen wird. Diese Programme stellen bis auf wenige Ausnahmen das Protokoll der interaktiven Problemlösung dar, die auf Knopfdruck aufgerufen werden kann.

Der zweite Schwerpunkt erarbeitet einige typische Fragestellungen der numerischen Mathematik, die einer einfachen interaktiven Lösung nicht zugänglich sind. Es handelt sich um drei verschiedene Verfahren der Interpolation, ein Approximationsverfahren, die numerische Lösung von Differentialgleichungen und die Bestimmung von Eigenwerten. Der mathematische Unterbau wird jeweils nur soweit dargestellt, wie für das Verständnis der Algorithmen erforderlich. Sie können die vorgestellten Programme als fertige Problemlösungen übernehmen. Zu diesem Zweck enthält jedes Kapitel einen eigenen Abschnitt mit den zusammengefassten Prozeduren und einem Programmablaufprotokoll.

Das Buch setzt elementare Vorkenntnisse über die Bedienung des HP 28 voraus. Sie sollten wissen, wie ein Zahlenwert in einer Variablen gespeichert und wieder aufgerufen werden kann. Die Nutzung der auf technisch-wissenschaftlichen Taschenrechnern verbreiteten Funktionen sollte Ihnen geläufig sein. Neben der von HP-Taschenrechnern bekannten umgekehrten polnischen Notation ist bei der Eingabe von Formeln auch die gewohnte Klammerschreibweise zulässig. Die Handbücher geben hierzu ausführliche Hinweise.

Wenn Sie mit der Programmierung des HP 28 nicht vertraut
sind, sollten Sie die Kapitel Interpolation und Differentialgleichungen durcharbeiten. Die beiden Kapitel bieten zusammen
einen guten Überblick über die Möglichkeiten der Programmiersprache des HP 28. Diese Kapitel enthalten an
verschiedenen Stellen Hinweise zum Editieren von Programmen und zum Zusammenspiel selbsterstellter Programme und
Prozeduren mit den wichtigsten eingebauten Lösungsmecha-
nismen wie Gleichungslöser, Integrationsprozedur, Lösungsprozedur für Gleichungssysteme und Graphik. Das mathematische Fundament der beiden Kapitel sollte auch Benutzer mit
geringem numerischem Hintergrundwissen nicht überfordern.
Die Programme zeigen, daß die auf numerische Fragen
zugeschnittene Programmierumgebung des HP 28C die Lösung
komplexer numerischer Probleme bei kurzer Entwicklungszeit
gewährleisten kann.

Hinweise zur Eingabe von Kommandos oder Programmtext:

Dieses Übungsbuch setzt die Kenntnis der Beispielaufgaben
aus dem Benutzerhandbuch voraus und erläutert die Wirkung
von Befehlen oder Funktionen nicht in allen Fällen. Halten Sie
also immer Ihre Handbücher verfügbar, um Kommandofolgen
der Lösungen aus dem Übungsbuch notfalls rekonstruieren zu
können. Die Eingabe von Kommandos kann immer sowohl
über Menutasten als auch zeichenweise über die alphanumerischen Tasten erfolgen. In einigen Fällen geht die zeichenweise Eingabe genauso schnell vonstatten wie der Wechsel
zwischen verschiedenen Menuzeilen und die Aktivierung der
jeweiligen Option. Zusammen mit dem Programmtext sind die
Namen der Menus immer dann genannt, wenn einige Kommandos aus einem Menu in einem Eingabezyklus auftreten.

Zur Schreibweise von Befehlen:

Die Bezeichner von *Menus* werden immer so geschrieben:
ARRAY-, STACK-, ALGEBRA-, TRIG-, SOLV-Menu ... .

Die Bezeichner von *Kommandos* und *Funktionen* werden immer so geschrieben:
SIN, EXP, STO, EVAL, GET, STEQ, DRAW, ...

Tastatursymbole geben Funktionen an, die auf dem Tastenfeld aufgedruckt sind und über die entsprechenden Funktionstasten aktiviert werden können, zum Beispiel:

$\boxed{\text{STO}}$ $\boxed{\text{USER}}$ $\boxed{\text{ARRAY}}$

Ein solches Tastatursymbol bedeutet:
"Drücken Sie jetzt diese Taste!"

Doppelt umrahmte Anweisungen bezeichnen Tasten, deren Bedeutung immer in der untersten Zeile des Displays angezeigt wird, und die wie die anderen Tasten eine Funktion auslösen. In den USER-Menus können Sie Tasten mit selbstdefinierten Funktionen versehen:

$\boxed{\text{LOG}}$ $\boxed{\text{SIN}}$ $\boxed{\text{DRAW}}$ $\boxed{\text{STEQ}}$

Außer den Menus bietet die Benutzeroberfläche weitere Eingabeerleichterungen. So brauchen Sie schließende Klammern oder Abschlußsymbole für Programme nur in seltenen Fällen wirklich einzugeben. Die eingebauten Editorfunktionen fügen im Fall eines syntaktisch korrekten Ausdrucks solche Symbole selbständig ein. Die angegebenen Programme und Kommandofolgen im Text des Übungsbuches genügen jedoch der Syntax des Rechners, das heißt, sie sind vollständig angegeben. Beachten Sie hierbei die Hinweise aus dem Benutzerhandbuch.

Voreinstellung des Rechners:

Um die Vergleichbarkeit der Ergebnisse zu gewährleisten, sollten Programme und Kommandofolgen im voreingestellten Modus eingegeben werden. Beachten Sie die Seiten 25 bis 30 des Referenzhandbuchs. Abweichungen werden besonders angegeben und betreffen im wesentlichen den Eingabemodus für Winkel, der im Übungsbuch auf Bogenmaß gestellt wird, sowie die Anzahl der Dezimalstellen, bei der Sie aus Gründen der Übersicht weniger Stellen, als im Übungsbuch angegeben, einstellen können. Beide Einstellungen führen Sie aus dem MODE-Menu durch. Bei Änderung der Stellenzahl geht keine Information verloren, so daß Sie ohne Schaden das angenehmste Anzeigeformat durch Probieren feststellen können. Bei umfangreichen Datenmengen, zum Beispiel großen Feldern, und speicherintensiven symbolischen Operationen, zum Beispiel bestimmten MacLaurin-Entwicklungen, kann das Abschalten der Optionen COMMAND, UNDO und LAST eine gewisse Entlastung bringen. Im allgemeinen ist es nicht möglich, exakte Kenngrößen für den Speicherbedarf festzulegen, da der jeweils verfügbare Speicherplatz von der Stackbelegung und von gespeicherten Variablen abhängt, so daß je nach Vorgeschichte eine Voraussage über freien Speicher beim Benutzer nicht zutreffen muß. (Es wird nicht angenommen, daß ein Benutzer sämtliche Übungen exakt in der Reihenfolge des Übungsbuchs vornimmt und sonst keinerlei Rechnungen durchführt.)

1.2 Lösen von Gleichungen

Verzeichnis der in diesem Kapitel durchgerechneten Beispiele

Der HP 28 stellt für die Lösung von Gleichungen drei vordefinierte Prozeduren[1] zur Verfügung. Dieses Kapitel zeigt
Ihnen zunächst an Beispielen die Wirkungsweise der eingebauten Verfahren. Das Handbuch führt die Benutzung der
Verfahren in einfachen Fällen vor. Die Verfahren können jedoch in Abhängigkeit von der Vorbelegung der Variablen[2],
der Systemflags[3] und der übrigen Systemumgebung unter-
schiedlich reagieren. Die Darstellung der Prozeduren soll Ihnen eine falsche Deutung von Voraussetzungen oder Ergebnissen eines Rechenweges ersparen. Im Anschluß daran finden
Sie Wege zur vollständigen Lösung für algebraische Gleichungen bis zum vierten Grad und schließlich Möglichkeiten
zur Übertragung auf beliebige Gleichungen. Sie lernen dabei,
die eingebauten Lösungsverfahren auf Ihre Probleme anzu-
wenden, und zur Unterstützung die Funktionen anderer Menus zu nutzen (zB.: das ALGEBRA-Menu für symbolisches
Umformen durch Logarithmieren oder die PROGRAM-Menus
für einfache Programmbeispiele wie etwa die Auswertung des
Hornerschemas,..).

Das SOLV-Menu bietet Ihnen drei Verfahren zur Lösung von
Gleichungen an.

Die Prozedur QUAD zeigt im Rahmen der Rechengenauigkeit die
exakten Lösungen quadratischer Gleichungen (auch imaginäre
Lösungen), sowie die näherungsweisen Lösungen weiterer
Gleichungen.

Die Prozedur ISOL ermittelt die Lösungsmenge der Gleichung
P(x) = 0 in symbolischer Form und damit exakt, wenn die
Gleichung nach der Variablen x umgestellt werden kann[4].

---

1 vordefinierte Prozeduren = eingebaute Verfahren zur Lösung von Gleichungen

2 Variable = Speicherstelle, die einen frei wählbaren Namen besitzt

3 Systemflags = Variable, die Eingabe- u.Ausgabeformate festlegen

4 die Variable, nach der umgestellt wird, soll nicht mehrfach in der Gleichung
vorhanden sein

Die Prozedur ist von Vorteil, wenn sich eine symbolische Lösungsdarstellung leicht auswerten oder weiter verwenden läßt, oder wenn durch periodisches Verhalten des Terms P(x) sehr viele Lösungen auftreten. Darüber hinaus sucht ein Verfahren, das hier Lösungsprozedur oder Gleichungslöser genannt wird, Näherungswerte für jeweils eine reelle Lösung der Gleichung. Die Lösungsprozedur kann mit dem Kommando ROOT und über die Menutasten für die Variablen in der Gleichung aus dem *SOLVR*-Menu aufgerufen werden.

Der effiziente Einsatz der Lösungsverfahren wird durch die Benutzeroberfläche des HP 28 unterstützt. Die Gleichungen oder Funktionsterme erscheinen in allen Stadien des Lösungsprozesses in der gewohnten symbolischen Notation im Display. Sie können in dieser Form eingegeben, gespeichert und editiert werden. Insbesondere lassen sich die Gleichungen über das ALGEBRA-Menu durch Äquivalenzumformungen in eine geeignete Form umstellen. Zu jedem Zeitpunkt läßt sich der Lösungsgang durch die Berechnung der Werte der rechten beziehungsweise linken Seite der Gleichung im SOLVR-Menu dokumentieren. Soweit die beiden Seiten der Gleichung reelle Werte erzeugen, kann das Graphikdisplay jeweils für die linke sowie rechte Seite einen Graph erzeugen, so daß Anhaltspunkte für die Lösung der Gleichung auch auf diese Weise gewonnen werden können.

Die Beispiele zur Editierung und Lösung von Formelausdrücken aus dem Benutzerhandbuch sollten Ihnen geläufig sein.

Die Arbeit mit dem Gleichungslöser bedarf näherer Hinweise zur Deutung der Ergebnisse. Daher erhalten Sie zunächst einen Überblick über typische Anwendungen sowie das Format der Ergebnisse und bestimmte Grenzfälle.

1.2.1 Die vordefinierten Prozeduren

1.2.1.1 Die Prozedur ROOT

Es sei P(x) eine reellwertige Funktion. Dann bezweckt das
Kommando ROOT aus dem SOLV-Menu die Bestimmung einer
reellen Lösung der Gleichung P(x) = 0. Die Prozedur benötigt
einen Startwert. Sie liefert immer eine reelle Zahl x auf den
Stack zurück, die aber vier wesentlich verschiedene
Bedeutungen haben kann. Das Ergebnis der Prozedur kann:

> - eine Lösung der Gleichung,
> - eine lokales Minimum von |P(x)|,
> - eine asymptotische Näherung von P(x) an die
>   Abszissenachse und
> - eine Unstetigkeitsstelle von P(x) darstellen.

Die Prozedur ROOT gibt keinen Hinweis auf die Bedeutung des
Ergebnisses. Auch wenn eine Lösung existiert, kann die
Prozedur bei ungünstig gewähltem Startwert die Lösung ver-
fehlen. Daher sollte ROOT vor allem dann eingesetzt werden,
wenn Sie die Existenz einer Lösung gesichert und die grobe
Lage der Lösung festgestellt haben. Zur interaktiven Bestim-
mung einer Lösung[5] eignet sich der Weg über das *SOLVR*-
Menu besser. Setzen Sie ROOT in Programmen ein, die den
Lösungsprozess in geeigneter Weise in die Nähe der Lösung
lenken und führen Sie eine Probe durch.

Die folgenden Beispiele sollen Ihnen Anschauungsmaterial für
die verschiedenen Bedeutungen der Ergebnisse der Prozedur
ROOT geben. Sie zeigen die Bedeutung der richtigen Wahl des
Startwertes oder Startintervalls. Das Auftreten von Unstetigkeitsstellen wird in Kapitel 1.2.1.2 über das SOLVR-Menu
dargestellt. In den Beispielen wird ausgiebiger Gebrauch von
dem Variablennamen 'X' gemacht. Sollte 'X' in Ihrem
USER-Menu vorkommen (auch als Directoryname), dann löschen Sie 'X' aus dem Variablenverzeichnis.

---

[5] direktes Bestimmen der Lösung über Menubefehle ohne Programm

Beispiel (1.2.0)

Bestimmen Sie eine Lösung der Gleichung $x^3 + x^2 + 1 = 0$.

Erzeugen Sie mit den Eingaben:
'X^3 + X^2 + 1 [ENTER] 'X [ENTER] ⟨ 2 [CHS] [SPACE] 0 [ENTER]
folgendes Display:

	Ebene:	Anzeige:
	3:	'X^3 + X^2 + 1'
	2:	'X'
	1:	⟨-2 0⟩

Rufen Sie nun mit

[SOLV] [NEXT] [ROOT]   im SOLV-Menu ROOT

auf. Das Ergebnis sollte -1.46557123187 sein.

Deutung:
Eine sichere Voraussetzung für die erfolgreiche Näherung ist
immer die Angabe eines Startintervalls, welches die wirkliche
Lösung einschließt. Die beiden Werte für das Startintervall
könnten aus dem Graph des Terms in Ebene 3 gewonnen sein.

Falls Sie die Prozedur in der Nähe des lokalen Minimums bei
x = 0 starten, dann findet ROOT eventuell das lokale Minimum
und nicht die Nullstelle.

Beispiel (1.2.1)

Erzeugen Sie wie in Beispiel (1.2.0) das folgende Display:

Ebene:	Anzeige:
3:	'X^3 + X^2 + 1'
2:	'X'
1:	-0.1

Rufen Sie ROOT auf.
Das Ergebnis auf dem Stack ist $-5.68945155416E-7$

Deutung:
Obwohl der Startwert innerhalb des Startintervalls von Beispiel (1.2.0) liegt, verfehlt ROOT die Lösung. Wenn Sie den Startwert aus dem Intervall [-0.65 , 0.27] wählen, dann findet ROOT das Minimum an der Stelle 0 durch Näherung. Starten Sie dagegen mit einer Anfangsnäherung außerhalb dieses Intervalls, dann findet ROOT in der Regel die reelle Lösung der Gleichung und bleibt auch nicht an dem lokalen Minimum hängen.

Beispiel (1.2.2)

Ebene:	Anzeige:
3:	'X^3 + X^2 + 1'
2:	'X'
1:	5

Das Ergebnis von ROOT auf dem Stack ist -1.46557123187

Deutung:
Obwohl der Startwert ungünstig gewählt wurde, findet ROOT das bis auf die letzte Dezimale korrekte Ergebnis. Der Startwert 6 führt allerdings wieder zum Minimum. Der Abstand zwischen dem Startwert und der gesuchten Lösung ist nicht allein ausschlaggebend für die erfolgreiche Suche nach einer Lösung, der Startwert sollte vielmehr nicht zu nahe bei einem lokalen Minimum von $|P(x)|$ liegen. Wenn Sie also wenig In-

formationen über die zu analysierende Gleichung haben, dann
wählen Sie statt eines Startwertes ein ausreichend großes Startintervall, das aber die Lösung einschließen sollte. Für stetige
Ausdrücke P(x) können in vielen Fällen Intervalle mit einem
Vorzeichenwechsel von P(x) bestimmt werden. Solche Intervalle führen meist sehr schnell zu einer Lösung. Die Benutzung des Graphikdisplays zum Einkreisen der Lösung setzt
ebenfalls eine ungefähre Kenntnis ihrer Lage voraus, da Sie ja
das zu zeichnende Intervall vorgeben müssen
(vgl.Benutzerhandbuch S.120).

Das Ergebnis der Prozedur kann auch eine asymptotische Näherung an die Abszisse darstellen.

Beispiel (1.2.3)

Untersuchen Sie die Gleichung $e^{-x} = 0$.
Geben Sie ein:
'EXP(-X) ⎡ENTER⎤   'X ⎡ENTER⎤   1100 ⎡ENTER⎤

Es zeigt sich dieses Display:

Ebene:	Anzeige:
3:	'EXP(-X)'
2:	'X'
1:	1100

Das Ergebnis von ROOT ist 1149.47312663

Deutung:
In diesem Fall bricht die Prozedur ab, weil an dieser Stelle der
Wert der Exponentialfunktion die betragsmäßig kleinste dar-
stellbare Maschinenzahl MINR = 1E-499 unterschreitet.

Daher sollten Sie ROOT in der Regel einsetzen, wenn Sie die
Lösung bereits grob lokalisiert haben, und nach Möglichkeit
die ungefähre Lage der Lösung durch ein Startintervall einschließen. Das Ergebnis muß hinsichtlich möglicher Grenzfälle
vom Benutzer richtig interpretiert werden!

Existiert keine reelle Lösung einer Gleichung, so liefert
ROOT keine imaginäre Lösung und auch keinen Hinweis auf
das Fehlen einer Lösung. Dies zeigt das

Beispiel (1.2.4)

Suchen Sie eine Lösung für $x^2 - 4x + 7 = 0$.

Erzeugen Sie mit den Eingaben:
'X^2 - 4*X + 7 `ENTER` 'X `ENTER` 1 `ENTER`
folgendes Display:

Ebene:	Anzeige:
3:	'X^2 - 4*X + 7'
2:	'X'
1:	1

Rufen Sie nun mit
`SOLV` `NEXT` `ROOT` im SOLV-Menu ROOT
auf. Das Ergebnis auf dem Stack ist 2.00000002552 .

Deutung:
Die betrachtete Gleichung hat keine reelle Lösung. ROOT gibt
das Minimum, nicht jedoch eine Meldung oder eine imaginäre
Lösung zurück. Das Ergebnis allein läßt also nicht erkennen,
ob es eine Lösung der Gleichung darstellt, zumal es nicht
weiter kommentiert wird wie von der Lösungsprozedur im
SOLVR-Menu. Der Startwert hat in diesem Beispiel keine
wesentliche Bedeutung.

1.2.1.2 Die Lösungsprozedur aus dem SOLVR-Menu

Vom SOLVR-Menu aus starten Sie dieselbe Lösungsprozedur,
die auch durch das Kommando ROOT aktiviert wird. Das
SOLVR-Menu vereinfacht die Eingaben und erleichtert die
Deutung der Ergebnisse. Ist in der Variablen EQ ein Term
gespeichert, dann können Sie über die Menutasten auf sämtliche im Term enthaltenen Variablen sowie auf den aktuellen
Wert des Terms zugreifen. Ist in EQ eine Gleichung gespei-

chert, dann können Sie die linke und die rechte Seite der Gleichung separat auswerten. Dabei sind Sie nicht durch ein bestimmtes Eingabeformat für eine Gleichung gebunden, sondern können immer die dem Problem angemessene Form wählen. Die Gleichung $x^2 - 4x + 7 = 0$ können Sie in der Form:

```
'X^2 - 4*X + 7',

'X^2 - 4*X + 7 = 0' oder

'X^2 - 4*X = -7'
```

in die Eingabezeile bringen und mit STEQ in EQ abspeichern. Da die Variable EQ auch von der Graphikroutine benutzt wird, vereinfacht sich ein paralleler Einsatz des Gleichungslösers und der Graphik.

Speichern Sie die Gleichung mit ihrem Term 'X^2 - 4*X + 7' in der Variablen EQ. Nach dem Wechsel ins SOLVR-Menu erhalten Sie über die Menutasten den Zugriff auf die Variable X sowie mit EXPR= auf den jeweiligen Wert des Terms in der Variablen EQ. Wollen Sie die Variable X mit einem Wert versehen, dann bringen Sie den gewünschten Wert in die Eingabezeile und drücken die Menutaste für X. Sie setzen den Lösungsprozess in Gang, indem Sie die rote Zweitfunktionstaste und danach die Menutaste für X drücken. Statt der Bezeichnung 'rote Zweitfunktionstaste' wird meist der Ausdruck SHIFT oder 'Shift-Taste' benutzt. Zur weiteren Durchführung des Beispiels lautet die Eingabefolge:

Eingabe:	Erläuterung:
1	Der Startwert erscheint in der Eingabezeile.
	Durch Drücken der Menutaste für die Variable X (nicht die Buchstabentaste!) wird 1 in die Variable X übernommen.

Eingabe: Erläuterung:

 SHIFT   Der Ausdruck 'SHIFT' meint die
                            rote Zweitfunktionstaste. Die
X   Lösungsprozedur nimmt die Nä-
                            herung mit dem Startwert 1 auf.

Daraufhin erscheinen nacheinander die beiden Meldungen:

    SOLVING FOR X

    X: 2.00000002552 .

Die zweite Meldung zeigt an, daß das Ergebnis des Nähe-
rungsprozesses in der Variablen X verfügbar ist. Sie brauchen
daher zur Berechnung des gegenwärtigen Wertes von EQ den
angezeigten Wert nicht erneut in X zu speichern. Das Ergebnis
erhält hier den Zusatz Extremum.
Wenn Sie die Güte der Näherung prüfen wollen, dann rufen
Sie mit der Menutaste für EXPR= die Auswertung des Terms
$X^2 - 4*X + 7$ auf. Das Ergebnis erscheint wieder in der Sy-
stemmeldungszeile mit

    EXPR = 3.

Sie brauchen in diesem Fall den angezeigten Wert nicht in die
Variable X zu übernehmen, da das Ergebnis der Prozedur bereits in X zur Verfügung steht.

Prüfen Sie nun die Beispiele (1.2.2) - (1.2.4) nach. Zur Aufgabe aus Beispiel (1.2.2) sollten Sie zusätzlich zum schon bekannten Ergebnis die Meldung Extremum erhalten. Für Beispiel
(1.2.3) erhalten Sie als Ergebnis und Kommentar:

    X: -1.46557123187

    Sign Reversal.

Das bedeutet, daß eine Lösung gefunden wurde, diese aber
nicht exakt dargestellt werden kann. Die gesuchte Lösung liegt
zwischen -1.46557123187 und -1.46557123188. Für Beispiel
(1.2.4) erhalten Sie die unzutreffende Meldung Zero zum Ergebnis. Die Meldung Zero zeigt eigentlich eine exakt getroffene
Nullstelle an.

Die Meldung Sign Reversal kann an eine Unstetigkeitsstelle
verbergen. Speichern Sie 'TAN(X)' in EQ, wählen mit
[MODE] [RAD] das Bogenmaß und lassen in dem Startintervall
{1.5 1.6} nach einer Lösung suchen. Sie erhalten in der
Ergebniszeile

>   X: 1.5707963268   mit der Meldung
> Sign Reversal .

Diese Meldung ist korrekt, da X nicht exakt die Unstetigkeitsstelle trifft. Kennt man den genauen Verlauf der Funktion nicht, so erwartet man unter Umständen eine gut genä-
herte Lösung. Für den Term '1/X' und das Startintervall
{-0.1 0.1} erhält man das Ergebnis -1E-499 und die Meldung
Sign Reversal.

Die zuletzt genannten Beispiele zeigen, daß Ergebnisse richtig
zu interpretieren sind und nicht schematisch übernommen
werden dürfen. Führen Sie bei Ergebnissen, deren Bedeutung
Sie nicht unmittelbar überschauen, eine Probe durch und berechnen auch Werte in der Nähe der gefundenen Lösung. Vom
SOLVR-Menu aus ist dies einfach möglich. Die Lösungsprozedur läßt sich auch starten, wenn Sie vergessen, einen Startwert mitzuteilen. Dann wird der Wert benutzt, der sich zufäl-
lig schon in der betreffenden Variablen befindet, für die Sie
den Lösungsprozess in Gang setzen. Falls diese noch nicht
existiert, beginnt der Lösungsprozess bei Null. Sichern Sie also
den gewünschten Startwert oder das Startintervall in der gesuchten Variablen.

1.2.1.3 Die Prozedur QUAD

QUAD liefert die reellen oder komplexen Lösungen einer
Gleichung zweiten Grades exakt. Insbesondere kann auch eine
symbolische Angabe der Lösung erreicht werden. Die Proze-
dur QUAD bildet die Lösungen einer gegebenen Gleichung
P(x) = 0, indem sie P(x) in einer MacLaurinreihe zweiten
Grades entwickelt und dann deren Lösungen bestimmt. Für
Gleichungen zweiten Grades sind die Lösungen exakt, für

Gleichungen höheren Grades, sowie Gleichungen mit nicht-rationalen Termen werden die Lösungen lediglich angenähert. Um die Güte der Näherung zu beurteilen, beachte man insbesondere, daß eine MacLaurinreihe eine Taylorreihe mit dem Entwicklungspunkt Null darstellt. In diesem Fall kann man aus der Integraldarstellung des Restgliedes R_2

$$R_2(X) = \frac{1}{2} \int_0^x f'''(t)*(x - t)^2 \, dt$$

Restglieddarstellung (1.2.5)

entnehmen, daß für viele Fälle die Näherung zwar lokal aber nicht global von Bedeutung ist. Beachten Sie hierzu das Kapitel 'Approximation'.

Die Verwendung der Prozedur QUAD kann an der Aufgabe aus Beispiel (1.2.0) gezeigt werden. Der quadratische Term $X^2 - 4X + 7$ sei in der Variablen EQ gespeichert. Das Display sollte folgendes Aussehen haben:

Ebene:	Anzeige:
2:	`'X^2 - 4*X + 7'`
1:	`'X'`

Rufen Sie nun mit

`SOLV` `QUAD`

aus dem SOLV-Menu QUAD auf. Achten Sie aber darauf, daß die Variable s1 nicht im USER-Menu zu finden ist, da sie das Ergebnis verfälschen kann. Löschen Sie gegebenenfalls vor Aufruf der Prozedur QUAD mit[6]

`'s1'` `SHIFT` `PURGE`

Ergebnis des Aufrufs von QUAD:

`'( 4 + s1*(0,3.46410161514))/2'`

---

[6] SHIFT = rote Zweitfunktionstaste

Die Tastenfolge

1 [LC] 's1 [STO] [EVAL] [ENTER] [COMPLX] [CONJ]

führt zur Anzeige der beiden konjugiert- komplexen
Lösungen. Die Variable s1 signalisiert die beiden Vorzeichen.
Zur Auswertung des Ergebnisses speichern Sie den Wert 1 in
der Variablen s1 und wandeln mit EVAL das Ergebnis in die
komplexe Zahl (2,1.73205080757). Duplizieren Sie mit ENTER
und bilden die konjugiert-komplexe Lösung mit der Funktion
CONJ aus dem CMPLX-Menu. Dann bietet der Stack folgendes
Bild:

Ebene:	Anzeige:
2:	(2,1.73205080757)
1:	(2,-1.73205080757)

Zur Kontrolle können Sie beide Lösungen im *SOLVR*-Menu
auswerten. Mit der Menutaste für X erhält die Variable X
zunächst die Lösung aus Ebene 1. Mit EXPR= setzen Sie in den
Term X^2 - 4*X + 7 ein und erhalten erwartungsgemäß die
Rückmeldung (0,0). Dieses Ergebnis tritt auch bei Einsetzen
der zweiten Lösung ein.

1.2.1.5 Die Prozedur ISOL

Die Prozedur ISOL ermöglicht die symbolische Lösung einer
Gleichung, indem sie versucht, die Gleichung nach einer
Variablen aufzulösen. Die erfolgreiche Umstellung der Gleichung setzt voraus, daß die betreffende Variable nur einmal
vorkommt. Besitzt die Gleichung mehrere Lösungen, so liefert
ISOL einen Term, aus dem alle Lösungen durch einfache Ersetzungen bestimmt werden können. Hierbei können sowohl
reelle als auch komplexe Lösungen auftreten, da nahezu alle
über Tastenbefehle aktivierbaren Funktionen, auch die trigonometrischen und die logarithmischen Funktionen, im Komplexen fortgesetzt sind.

Die Darstellung der Lösung hängt zusätzlich von den Benut-
zerflags 34 und 35 ab. Ist Flag 34 gesetzt, dann wird auch bei

mehreren Lösungen nur der sogenannte Hauptwert angezeigt, während der gelöschte Flag 34 zur Ausgabe eines symbolischen Ausdrucks führt, der die vollständige Lösungsmenge repräsentiert. Ist Flag 35 gesetzt, so wird eine Konstante, etwa Pi, in symbolischer Form mit dem Zeichen π ausgegeben, ferner dürfen in Funktionsausdrücken frei gewählte Variable auftreten, die als Speichervariable keinen Wert besitzen. Andernfalls erscheinen statt der Symbole Zahlangaben im gewählten Ausgabemodus und die benutzten Variablen werden im Lösungsprozess ausgewertet. Das kann zu Abbruch der Lösung mit Fehlermeldung führen, wenn eine benutzte Variable nicht mit einem zulässigen Wert gespeichert ist. In den folgenden Ausführungen werden immer die Standardstellungen der Flags vorausgesetzt. Beachten Sie dies bitte beim Nachrechnen der Beispiele. Das TEST-Menu bietet die Möglichkeit, die Stellung der Flags abzufragen und eventuell zu korrigieren. Die Standardeinstellungen erhalten Sie mit: 34 [CF] 35 [SF] 36 [SF] (vgl.: Benutzerhandbuch, S.287).

Beispiel (1.2.6)

Von der Gleichung y = sin(1/x) sollen alle Lösungen x bestimmt werden, für die gilt: 0.001 < x. Rufen Sie das *SOLV*-Menu in die Menuzeile und geben dem Stack dieses Aussehen:

Ebene:	Anzeige:
2:	`'Y = SIN(1/X)'`
1:	`'X'`

Der Aufruf ISOL kann nun folgende Ergebnisse erzeugen:

(1.2.7)

Wenn die Variablen Y und n1 nicht im USER-Menu angezeigt werden, erhalten Sie:

`'INV(ASIN(Y) * (-1)^n1 + π * n1)'.`

(1.2.8)

Wenn die Variable Y den Wert 4 besitzt, und die Variable n1
nicht im USER-Menu angezeigt wird, erhalten Sie:

`'INV((1.57079632679,-2.0634370689) * (-1)^n1 + `π` * n1)'.`

(1.2.9)

Wenn die Variable Y den Wert 4, und die Variable n1 den
Wert 5 besitzt, erhalten Sie:

`'INV((-1.57079632679,2.0634370689)  + `π` * 5)'.`

(1.2.10)

Wenn schließlich die Variable Y den Vektor [1 2 3] enthält, dann wird der Lösungsgang mit der Meldung `'Bad Argument
Type'` abgebrochen.

Deutung der Ergebnisse:

Wenn Sie die Lösung in voller Allgemeinheit erhalten wollen,
müssen also vor der Ausführung des Befehls `ISOL` die betreffenden Variablen mit Hilfe der Funktion `PURGE` löschen. Ergebnis (1.2.7) zeigt eine solche allgemeine Darstellung. Diese
Lösung kann durch geeignete Ersetzungen der Variablen Y
und n1 mit Hilfe von `->NUM` in einen Zahlenwert verwandelt
werden. Die Ergebnisse (1.2.8) – (1.2.10) demonstrieren bei-
spielhaft, welche Sorgfalt auf eine Kontrolle der im USER-
Menu mitgeführten Variablen zu legen ist. Das letzte Ergebnis
zeigt schließlich, daß eine Fehlermeldung nicht unbedingt auf
den Lösungsansatz zurückgeführt werden muß, sondern aus
mangelnder Speicherhygiene entstehen kann.

1.2.2 Algebraische Gleichungen

Es werden Lösungen der Gleichung $P(x) = 0$ gesucht, mit
$P(x) = a_0 + a_1 x + a_2 x^2 + .. + a_n x^n$ und reellen Koeffizienten a_i.

Zunächst stehen Gleichungen zweiten bis vierten Grades im Mittelpunkt. Für Gleichungen dritten Grades wird die Lösung nicht durch eine Formel angegeben. Gleichungen dritten Grades besitzen immer eine reelle Lösung, die durch die vordefinierten Lösungsverfahren gewonnen werden kann. Die beiden weiteren eventuell komplexen Lösungen werden nach einer Polynomdivision mit Hilfe des Horner-Schemas aus der resultierenden Gleichung zweiten Grades entnommen. Gleichungen höheren Grades können im Falle reeller Lösungen durch Eingrenzen der Nullstellen und anschließende Näherung durch die vorgegebenen Lösungsverfahren bestimmt werden.

1.2.2.1 Quadratische Gleichungen

Die Lösungen quadratischer Gleichungen werden von QUAD immer exakt bestimmt. Die Eingabe der Gleichungen ist dabei nicht auf ein besonderes Format festgelegt, insbesondere muß die rechte Seite der Gleichung nicht notwendig die Zahl Null sein.

Beispiel (1.2.11)

Die Gleichung $3x^2 + 3x - 12 = 7x^2 + 14x - 33$ soll gelöst werden.

Speichern Sie zunächst die Gleichung mit
`'3*X^2+3*X-12 = 7*X^2+14*X-33` SOLV   STEQ

in der Variablen EQ. Sie vermeiden so mehrfaches Eingeben der betreffenden Gleichung. Sollen beide Lösungen in einem symbolischen Ausdruck dargestellt werden, dann darf die Variable s1 nicht im USER-Menu enthalten sein. Löschen Sie gegebenenfalls s1 mit
`'S1'` SHIFT   PURGE

Rufen Sie vom SOLV-Menu aus mit RCEQ die Gleichung und danach die Variable x auf den Stack und erzeugen dieses Display:

Ebene:	Anzeige:
2:	'3*X^2 + 3*X - 12 = 7*X^2 + 14*X -33'
1:	'X'

Drücken sie nun die Menutaste für QUAD mit dem Ergebnis: '(11 + s1*21.3775583264)/(-8)' in Ebene 1. Für die Angabe der beiden Lösungen duplizieren Sie den Ausdruck mit ENTER oder DUP .

Display:

Ebene:	Anzeige:
2:	'(11 + s1*21.3775583264)/(-8)'
1:	'(11 + s1*21.3775583264)/(-8)'

Die Eingabe:
1 'S1 STO EVAL   führt zu dem Display:

Ebene:	Anzeige:
2:	'(11 + s1*21.3775583264)/(-8)'
1:	-4.0471947908

Die Eingabe:
SWAP 1 CHS 'S1 STO EVAL   führt zu dem Display:

Ebene:	Anzeige:
2:	-4.0471947908
1:	1.2971947908

Zur Durchführung der Probe wechseln Sie ins SOLVR-Menu. Übernehmen Sie beide Lösungen in die Variable X und rufen dann die Funktionen LEFT= und RT= auf, um die die linke und rechte Seite der Gleichung mit dem jeweiligen Wert der Variablen X separat auszuwerten.

Wenn Sie die Gleichung (1.2.11)
$3x^2 + 3x - 12 = 7x^2 + 14x - 33$ in Normalform bringen wollen, so können Sie dies mit dem *ALGEBRA*-Menu tun. Das Zusammenfassen der beiden Seiten der Gleichung geschieht nach den Regeln der Algebra durch Subtraktion des Terms $7x^2 + 14x - 33$ auf beiden Seiten der Gleichung.

Gehen Sie so vor:

| SOLV | | RCEQ | | SHIFT | | ALGEBRA | | FORM |

Bewegen Sie nun mit der Menutaste [->] den Cursor[7] auf das Minuszeichen vor der Zahl 33.

| EXGET | | SHIFT | | SWAP | | DROP | | CHS | | + | | COLCT |

Sie haben als Ergebnis die Gleichung '21 - 4*X^2 - 11*X = 0' in Ebene 1 zurückbekommen. Division durch 4 führt nun zur Normalform:

4 | ÷ | | EXPAN | | EXPAN | | COLCT |

Zum Isolieren einer Seite der Gleichung verwenden Sie die Funktion EXGET. Das FORM-Menu zeigt durch die Klammerung den internen Aufbau der beiden Terme, welche die Gleichung bilden und damit den Umfang der Argumente, auf die sich das Minuszeichen bezieht. Da EXGET mit dem Rechenzeichen '-' auch die beiden Argumente links und rechts vom Minuszeichen kopiert, führen Sie einen solchen Schritt am besten im FORM-Menu aus.

---

[7] Cursor = Schreibmarke

Nach Division durch 4 erhalten Sie zunächst den Ausdruck
'(21 - 4*X^2 - 11*X)/4 = 0'. Zur Auflösung der Klammer
rufen Sie zweimal EXPAN auf. Der Term in der Klammer besitzt
für den HP 28 die Gestalt ((21 - 4*X^2) - 11*X). Er wird
nicht in einem Schritt auf einfachste Form gebracht, sondern
in der Reihenfolge der Klammerebenen.

Algebraische Gleichungen dritten Grades können durch die
bekannten Methoden, wie zum Beispiel die Cardanische Formel, gelöst werden. (vgl. etwa:[7], S.501). Da Gleichungen
dritten Grades immer wenigstens eine reelle Lösung besitzen,
kann eine der Lösungen immer auch mit der Prozedur ROOT
oder mit dem Gleichungslöser vom SOLVR-Menu aus gefunden werden. Nach Berechnung dieser Lösung x_0 stellt man
durch Abspalten des Linearfaktors $(x - x_0)$ eine Gleichung
zweiten Grades her, deren Lösungen die Prozedur QUAD berechnet. In gleicher Weise lassen sich Gleichungen fünften
Grades durch Reduktion auf Gleichungen vierten Grades lösen. Zu diesem Zweck wird das Verfahren der Polynomdivision mittels Hornerschema vorgestellt, das zugleich als Anlass
eines ersten einfachen Programms gilt. Wenn Sie die Entwicklung des Verfahrens und des zugehörigen Programms nicht
verfolgen wollen, können Sie zur Zusammenfassung im Beispiel (1.2.17) S.33 übergehen. Beachten Sie, daß der Näherungsprozess die reelle Lösung nicht immer exakt bestimmen
kann, so daß sich im Verlauf der weiteren Lösungsschritte der
Verfahrensfehler kumulativ verstärken kann. Versuchen Sie in
diesem Fall durch geringfügige Änderungen der bisher gewonnenen Werte die Lösungen zu verbessern.

1.2.2.2 Hornerschema

Für die Polynomdivision verwendet man ein dreizeiliges Schema, das auch den Wert des Polynoms $P(x)$ an einer Stelle x_0 bestimmt.

Es sei $P(x) = a_3x^3 + a_2x^2 + a_1x + a_0$

a_3	a_2	a_1	a_0
$+$	$+$	$+$	$+$
0	$b_3{}^*x_0$	$b_2{}^*x_0$	$b_1{}^*x_0$
$x_0 \quad b_3$	b_2	b_1	b_0

Bild (1.2.12) Hornerschema für Polynome dritten Grades

Die Berechnung des Hornerschemas liefert $P(x_0) = b_0$. Für die Division durch den Linearfaktor $(x - x_0)$ gilt dann:

$$(a_3x^3 + a_2x^2 + a_1x + a_0):(x - x_0) = b_3x^2 + b_2x + b_1 + b_0/(x-x_0)$$

Satz (1.2.13)

Ist x_0 eine Lösung der Gleichung $P(x) = 0$, dann folgt insbesondere $(a_3x^3 + a_2x^2 + a_1x + a_0):(x - x_0) = b_3x^2 + b_2x + b_1$

Die Idee für die Durchführung der Polynomdivision ergibt sich aus der Berechnung des Polynomwertes an einer Stelle x_0. Es sei $P(x) = x^3 + 4x^2 + 5x + 6$, $x_0 = -3$. Dann ist nach (1.2.12) der Polynomwert so zu berechnen:

1	4	5	6
$+$	$+$	$+$	$+$
0	$1{}^*(-3)$	$1{}^*(-3)$	$2{}^*(-3)$
$(-3) \quad 1$	1	2	0

Beispiel (1.2.14)

Zur Durchführung sei der Stack so aufgebaut:

Ebene:	Anzeige:
4:	6
3:	5
2:	4
1:	1

Die Zahl -3 werde in der Variablen X0 gespeichert mit der Anweisungsfolge:

-3 'X0 [STO]

Anwendung des Hornerschemas:

Tastenfolge:	Anzeige in Ebene 1:
[USER]	1
[X0] * +	1
[X0] * +	2
[X0] * +	0

Die angezeigten Zwischenergebnisse samt dem ersten Koeffizienten des Ausgangspolynoms stellen gerade die untere Zeile des Hornerschemas dar, bilden also die Koeffizienten des gesuchten Polynomquotienten. Das Endergebnis 0 zeigt lediglich an, daß -3 eine Lösung darstellt und wird hier nicht weiter verwendet. Allerdings verfehlt das Endergebnis bei einer nicht exakt darstellbaren Lösung den Wert 0 möglicherweise um einen geringen Betrag, dann kann dieser Wert eventuell zur Korrektur des Polynomquotienten herangezogen werden. Von den angegebenen Tastenfolgen ist die zweite nicht in diesem Umfang erforderlich, sie kann vielmehr auf die Addition reduziert werden. Wenn jedoch das lineare Glied nicht entfällt, tritt die hier angegebene Regelmäßigkeit der Kommandofolge zutage.

1.2.2.3 Polynomdivision

Das hier vorgeschlagene Verfahren der Polynomdivision ergibt sich in Fortführung des Beispiels (1.2.14). Vergleichen Sie auch im Referenzhandbuch auf S.154 die Darstellung des interaktiven Verfahrens der Polynomdivision.

Die im Verlauf der Rechnung entstandenen Koeffizienten des Quotienten werden in Beispiel (1.2.14) für die nächsten Rechenschritte verbraucht. Der Aufbau des gesuchten Polynoms erfordert aber die Speicherung der Koeffizienten, die zweckmäßig auf dem Stack erfolgt. Jeder Koeffizient wird daher zunächst dupliziert. Da das Polynom in seiner symbolischen Form entstehen soll, müssen die Duplikate noch mit den betreffenden Potenzen des Symbols 'x' verbunden und ans untere Ende des Stack gebracht werden.

Die zuletzt genannte Aktion verwendet den Begriff 'Stack' nicht im geläufigen Sinne. Der Begriff Stack bezeichnet gewöhnlich eine Folge von Objekten mit einer auf ein Ende der Folge beschränkten Zugriffsberechtigung, auch LiFo-Speicher genannt. Von einem Stack darf nur von 'oben', das heißt beim HP 28 von Ebene 1, jeweils ein Element entnommen und auch nur 'oben' ein Element hinzugefügt werden. Der HP 28 verfügt jedoch über zusätzliche Optionen zur Reorganisation des Stack, so daß praktisch ein Zugriff auf sämtliche Objekte des Stack ermöglicht wird, ohne ein Element vom Stack entfernen zu müssen.

Schaffen Sie zunächst die gleiche Ausgangslage wie in Beispiel (1.2.14).

Die interaktive Durchführung der Polynomdivision ergibt sich
aus diesem Tableau:

Tastenfolge:	Anzeige in Ebene:			
	1:	2:	3:	4:
nach Eingabe der Koeffizienten:	1	4	5	6
[DUP] 'X^2' * 5	1	5	6	'X^2'
[ROLLD] X 0 * +				
[DUP] 'X' * 5	2	6	'X^2'	'X'
[ROLLD] [X0] * +				
[DUP] * 5	0	'X^2'	'X'	2
[ROLLD] [X0] * +				
4 [ROLLD]	'X^2'	'X'	2	0
+	'X+X^2'	2	0	–
+	'2+X+X^2'	0	–	–

Tableau (1.2.15)

Die Anweisungen DUP und ROLLD sind im STACK-Menu zu
finden und können von dort aus direkt eingegeben werden.

Die erste der Kommandofolgen sei hier erläutert:

Kommando:	Erläuterung:

| DUP | Das Element in Ebene 1 wird dupliziert, das ist hier die 1. |

'X^2' ENTER *

Der oberste Koeffizient 1 wird mit 'X^2' verbunden. Der Zweck ergibt sich erst aus der Anwendung auf beliebige Koeffizienten.

5 ROLLD

Einschließlich des Terms 'X^2' belegen 5 Elemente den Stack. Der Term wandert ans Ende der Koeffizientenfolge.

X0 * +

Das Produkt der Variablen X0, also −3, mit dem Koeffizienten 1 wird zum Wert 4 addiert. Das Zwischenergebnis 1 bleibt für den nächsten Durchlauf zurück.

Wenn Sie nun die drei Kommandofolgen in Tableau (1.2.15) vergleichen, dann stellen Sie fest, daß die Unterschiede nur im Exponenten von 'X' bestehen, der nacheinander die Werte 2, 1 und 0 annehmen muß. Will man also die drei Anweisungsfolgen zu einer einzigen verschmelzen, so muß der Exponent als eine Variable eingeführt werden. Prüfen Sie nach, daß die Potenzfunktion auch auf symbolische Objekte korrekt wirkt:

Ebene:	Anzeige:
2:	'X'
1:	1

Die Operator ^ führt zur Anzeige 'X'. Ersetzt man den Exponenten in Ebene 1 durch 0, so ergibt die Anzeige 1.

Damit können Sie jede der drei Kommandofolgen durch ein Programm ersetzen:

« DUP 'X' I ˆ * 5 ROLLD X0 * + » .

Allerdings muß die Variable I für jeden Programmlauf mit dem richtigen Wert versehen werden. Das kann entweder durch eine Speichervariable oder durch eine lokale Variable geschehen. In der gegenwärtigen Form setzt das Programm eine Variable I im USER-Menu voraus, die vor jedem Programmaufruf mit dem jeweiligen Wert besetzt werden muß. Das Programm wird bedienungsfreundlicher, wenn die Variable I als lokale Variable verwaltet wird. Näheres zu lokalen Variablen entnehmen Sie der Einleitung zu Kapitel 2 sowie dem Referenzhandbuch S.228. Dazu muß der obige Text ergänzt werden:

« ->I « DUP 'X' I ˆ * 5 ROLLD X0 * + » ».

Die Ergänzung bewirkt, daß bei Programmaufruf der jeweilige Wert aus Ebene 1 des Stack in die Variable I übernommen wird. Nach Programmaufruf ist dieser Wert nicht mehr verfügbar. Sie sollten diese Kommandofolge einschließlich der Begrenzungszeichen « » eingeben und mit 'HORN' STO abspeichern. Das unter dem Namen HORN ins USER-Menu eingetragene Programm können Sie durch Drücken der Menutaste, die dem Namen HORN zugeordnet ist, aktivieren. Allerdings muß bei Programmaufruf der passende Wert auf den Stack liegen.

Tastenfolge:	Anzeige in Ebene:			
	1:	2:	3:	4:
nach Eingabe der Koeffizienten:	1	4	5	6
2 [HORN]	1	5	6	'X^2'

Tastenfolge:	Anzeige in Ebene:			
	1:	2:	3:	4:
1 HORN	2	6	'X^2'	'X'
0 HORN	0	'X^2'	'X'	2
4 ROLLD	'X^2'	'X'	2	0
+	'X+X^2'	2	0	–
+	'2+X+X^2'	0	–	–

Tableau (1.2.16) Polynomdivision mittels Hornerschema

Die wiederholte Zuweisung an die Variable I und den Aufruf
von HORN kann ein erweitertes Programm übernehmen. Die
Variable I besitzt auch in diesem Programm den Charakter einer lokalen Variablen. Sie ist nur in der Schleife verfügbar
und nach Programmablauf nicht mehr im Speicher enthalten.

```
« 2 0 FOR I  DUP 'X' I ^ * 5 ROLLD X0  *
    + -1    STEP 4 ROLLD + + »
```

Sie finden FOR und STEP im BRANCH-Menu. Für die Eingabe
beachten Sie die Hinweise zur Editierung weiter unten.

Anweisung:	Erläuterung:
2 0 FOR I .. −1 STEP	Diese Zählschleife weist der Variablen I die Werte 2, 1 und 0 und versorgt damit die Prozedur HORN mit dem jeweils benötigten Parameter.

Anweisung:	Erläuterung:
4 ROLLD	Nach der Beendigung des eigentlichen Hornerschemas bleibt in Ebene 1 der Wert des Polynoms an der Stelle X0 zurück. Wenn X0 die Nullstelle des Polynoms darstellt und diese exakt getroffen wurde, steht hier der Wert 0. Wenn Sie jedoch nur die bestmögliche Darstellung der Nullstelle besitzen, bleibt so ein Rest zurück, der eventuell zur Korrektur des gefundenen Polynoms dienen kann, und daher hier nicht gelöscht wird, sondern nach Abschluß in Ebene 2 steht.
+ +	Die Glieder des Polynoms auf dem Stack werden noch zusammengefügt.

Die Erweiterung des Programms sollte jedoch nicht dazu führen, daß Sie den gesamten Text neu eintippen, vielmehr können Sie den Text des Programms HORN ergänzen. Wenn Sie HORN nicht zusätzlich behalten wollen, dann rufen Sie das Programm mit 'HORN' VISIT zum Editieren in die Eingabezeile. Schalten Sie den Cursor mit INS auf die Option Einfügen um und ergänzen den noch fehlenden Text. Schließen Sie die Eingabe mit ENTER ab, dadurch wird der Text sogleich wieder unter dem Namen 'HORN' abgespeichert.

Zusammenfassung:

Eine Polynomdivision der Form

$$(a_3x^3 + a_2x^2 + a_1x + a_0):(x - x_0) = b_3x^2 + b_2x + b_1 + b_0/(x-x_0)$$

können Sie mit dem Programm HORN durchführen. Unter
dem Namen HORN wird dieses Programm verstanden:

```
« 2 0 FOR I DUP 'X' I ˆ * 5 ROLLD X0 * +
     -1  STEP 4  ROLLD  + + »
```

Beispiel (1.2.17)

Es sei $P(x) = x^3 + x^2 + x + 1$.

Aufgabenstellung: P(x) soll durch (x + 1) dividiert werden.

Eingabe:
-1 'X0 [STO] 1 [ENTER] 1 [ENTER] 1 [ENTER] 1 [HORN] .

Ausgabe: '1 + Xˆ2' in Ebene 1 und 0 in Ebene 2 .

Deutung:
Die Division geht glatt auf, da -1 Nullstelle von P(x) ist. Man
erkennt dies an der 0 in Ebene 2.

Beispiel (1.2.18)

Aufgabenstellung: P(x) soll durch (x - 2) dividiert werden.

Eingabe:
2 'X0 [STO] 1 [ENTER] 1 [ENTER] 1 [ENTER] 1 [HORN] .

Ausgabe: '7 + (3*X + Xˆ2)' in Ebene 1 und
                            15 in Ebene 2.

Deutung:
Das Ergebnis lautet $x^2 + 3x + 7 + 15/(x - 2)$.

Beispiel (1.2.19)

Es sei $P(x) = x^3 - 2x^2 - 2x + 4$

Aufgabenstellung: P(x) soll durch (x - 2) dividiert werden.

Eingabe:
2 'X0 STO 4 ENTER -2 ENTER -2 ENTER 1 HORN .

Ausgabe: '-2 + X^2' in Ebene 1 und 0 in Ebene 2.

Deutung:
Die Division geht glatt auf.

Beispiel (1.2.20)

Aufgabenstellung: P(x) soll durch (x - $\sqrt{2}$) dividiert werden.

Eingabe:
2 √ 'X0 STO 4 ENTER -2 ENTER -2 ENTER 1 HORN .

Ausgabe: '-2.82842712475 +(- (.58578643763*X) + X^2)'
                in Ebene 1 und 0 in Ebene 2.

Deutung:
Die Division geht glatt auf,da $\sqrt{2}$ eine Nullstelle von P(x) ist,
obwohl $\sqrt{2}$ nicht exakt dargestellt werden kann.

Beispiel (1.2.21)

Zum Vergleich: P(x) soll durch (x + $\sqrt{2}$) dividiert werden.

Eingabe:
2 √ CHS 'X0 STO 4 ENTER -2 ENTER -2 ENTER 1

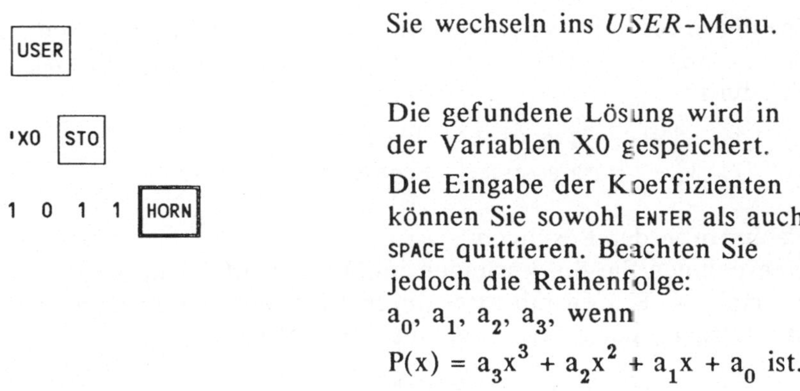

Sie wechseln ins *USER*-Menu.

Die gefundene Lösung wird in der Variablen X0 gespeichert.

Die Eingabe der Koeffizienten können Sie sowohl ENTER als auch SPACE quittieren. Beachten Sie jedoch die Reihenfolge:
a_0, a_1, a_2, a_3, wenn

$$P(x) = a_3 x^3 + a_2 x^2 + a_1 x + a_0 \text{ ist.}$$

Sie erhalten als Ergebnis in

Ebene:	Anzeige:
2:	-.00000000001
1:	'.682327803834 +
	(- (.46557123188*X) + X^2)'

Das Ergebnis in Ebene 2 dient als Hinweis, daß die Lösung nicht exakt dargestellt werden konnte.

Der weitere Lösungsgang:

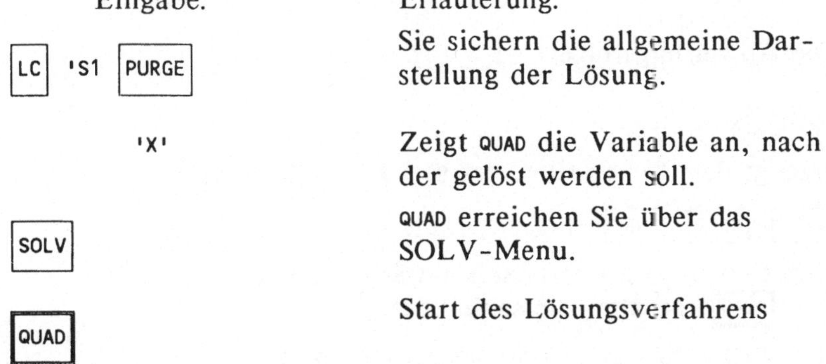

Eingabe: — Erläuterung:

Sie sichern die allgemeine Darstellung der Lösung.

Zeigt QUAD die Variable an, nach der gelöst werden soll.

QUAD erreichen Sie über das SOLV-Menu.

Start des Lösungsverfahrens

Sie erhalten als Lösung:

'(.46557123188 + s1 * (0, 1.58510398504))/2'

Speichern Sie 1 in der Variablen s1 und bestimmen den Wert der Lösung sowie der konjugiert komplexen Lösung mit EVAL. Ergebnis:

$$x_2 = (.23278561594 \, , \, .79255199252)$$
$$x_3 = (.23278561594 \, , -.79255199252)$$

Nachprüfen der Lösungen:
Übernehmen Sie die Lösungen im SOLVR-Menu in die Variable X. Prüfen mit EXPR= durch Einsetzen der Lösungen in das Ausgangspolynom . Ergebnis der Probe:

$$(-.00000000001 \, , \, .000000000002)$$

sowie der konjugiert komplexe Wert. Die ersten 10 Dezimalen erweisen sich als exakt bezüglich der Rechnergenauigkeit.

Die Variante:

Die erste Näherungslösung mit dem Ergebnis $x_0 = -1.46557123188$ wird in derselben Weise wie oben bestimmt. Statt die Polynomdivision mittels Hornerschema durchzuführen, bilden Sie nun den Term

$(x^3 + x^2 + 1)/(x + 1.46557123188)$
und lassen diesen von QUAD auswerten. Die einfachere Vorgehensweise ist etwas ungenauer und bewältigt nicht jeden Fall, wie das nächste Beispiel zeigt.

Die Anweisungsfolge:

`CHS` `'X` `ENTER` `+`

erzeugt den Term `'1.46557123188 + X'` in Ebene 1.

`SOLV` `RCEQ` `SWAP` `÷`

ergibt `(X^3 + X^2 + 1)/(1.46557123188 + X)`. Mit
`'X` `QUAD` erhalten sie schließlich

`'(.465571231876 + S1*(0,1.58510398502))/1.99..99'`
als Ergebnis. Führen Sie die weitere Auswertung entsprechend durch.

Beispiel (1.2.24)

Die Gleichung $19871x^3 - 0.00012x^2 + 33147x + 0.0069 = 0$
bietet die Schwierigkeit, daß eine minimale Variation der Variablen x bereits einen starken Einfluß auf den Wert des Polynoms hat, und Koeffizienten von ganz unterschiedlicher Größenordnung auftreten. Bezeichnet man die linke Seite mit
$P(x)$, so ist $P(0) = 0.0069$, aber $P(-0.1) = -3334.47$ (gerundet).
Als erste Lösung findet man

$$x_0 = -2.08163634718E-7.$$

Speichern Sie das Ergebnis in x_0 und führen eine Polynomdivision durch. Ergebnis:

```
19871*X^2 - 4.23768485836E-3*X + 33147
```

Der weitere Lösungsgang mit QUAD ermittelt die zusätzlichen Lösungen:

$$x_1 = (1.07115031049E-7, 1.29448789217)$$
$$x_2 = (1.07115031049E-7, -1.29448789217)$$

Die Probe ergibt einen Fehler von $(-6.7082E-10, .0000004)$ für die
Lösung x_1 und $(-6.7082E-10, -.0000004)$ für x_2

Beispiel (1.2.25)

Liegen die reellen Lösungen sehr weit auseinander, dann kann sich die experimentelle Ermittlung mit der Lösungsprozedur bei ungeschickt gewählten Startwerten langwierig gestalten.
Die folgende Gleichung besitzt zwei Lösungen, die sehr dicht zusammen liegen und eine weit von diesen beiden entfernte Lösung. Auch in diesem Fall findet man zwar eine der Lösungen rasch, aber die weiteren Lösungen müssen mit unterschiedlichen Strategien gesucht werden, so daß das hier angegebene Verfahren die Lösung schneller präsentiert.

Die Gleichung $x^3 - 17001.35x^2 + 4250.29x - 255.0165 = 0$
besitzt die Lösungen $x_0 = 0.1$, $x_1 = 0.15$ $x_2 = 17001.1$.

Durchführung des Lösungsverfahrens:

Eingabe: Erläuterung:

SOLV

'X^3 - 17001.35*X^2 +   Der Term wird in der Variablen
4250.29*X - 255.0165'   EQ gespeichert.

STEQ

SOLVR

         0   X   Sie wählen 0 als Startwert

                                 Ergebnis: 9.99999999998E-2 mit der
SHIFT X   Meldung Zero.

                                 Die gefundene Lösung wird in
USER   der Variablen X0 gespeichert.

'X0' STO

-255.0165   Die Eingabe der Koeffizienten
4250.29   und der Aufruf des Programms
-17001.35   Horn.
1

HORN

Sie erhalten als Ergebnis in

Ebene: Anzeige:

   2:                           -.000000001

   1:                           '2550.165 + (- (17001.25*X) + X^2)'

Bestimmung der restlichen Lösungen:

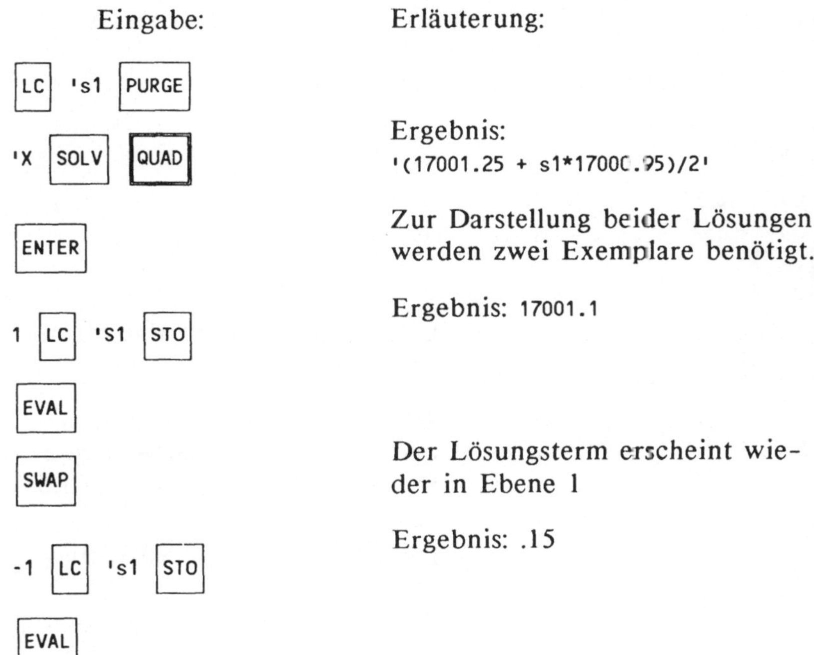

Eingabe:

Erläuterung:

Ergebnis:
'(17001.25 + s1*17000.95)/2'

Zur Darstellung beider Lösungen werden zwei Exemplare benötigt.

Ergebnis: 17001.1

Der Lösungsterm erscheint wieder in Ebene 1

Ergebnis: .15

1.2.2.5 Gleichungen vierten Grades

Alle Gleichungen vierten Grades, die reelle Nullstellen besitzen, können nach dem gleichen Prinzip gelöst werden, das schon auf Gleichungen dritten Grades Anwendung fand. Allerdings benötigen Sie dazu das Programm HORN in der Version (1.2.22). Das Programm ist hier nochmals angegeben:

```
« N 1  - 0 FOR I DUP 'X' I ˆ * N 2 + ROLLD X0
* + -1 STEP N 1 + ROLLD 2 N START + NEXT »
```

Beispiel (1.2.26)

Die Gleichung $x^4 - 10x^3 + 35x^2 - 50x + 24 = 0$ ist zu lösen.

Eingabe: Erläuterung:

| SOLV |

'X^4 - 10*X^3 + 35*X^2
- 50*X + 24'

| STEQ |

| SOLVR | 0 | X | Übernehmen Sie mit der Menu-
                        taste für X 0 als Startwert.

| SHIFT | | X | Starten Sie den Näherungspro-
                        zess. Das Ergebnis sollte 1 sein.
                        Die Meldung zero zeigt eine Lö-
                        sung an.

'X0 | STO | Die Lösung muß in X0 vorlie-
                        gen.

4 'N | STO | Das Programm benötigt den
                        Grad des Polynoms.

        24   In dieser Reihenfolge sollten die
       -50   Koeffizienten auf dem Stack lie-
        35   gen.
       -10
         1

| HORN | Das Ergebnis des Programms
                        lautet:
                        '-24 +(26*X + (-(9*X^2)+X^3))'. Der
                        Parameter 0 in Ebene 2 meldet
                        eine Division ohne Rest.

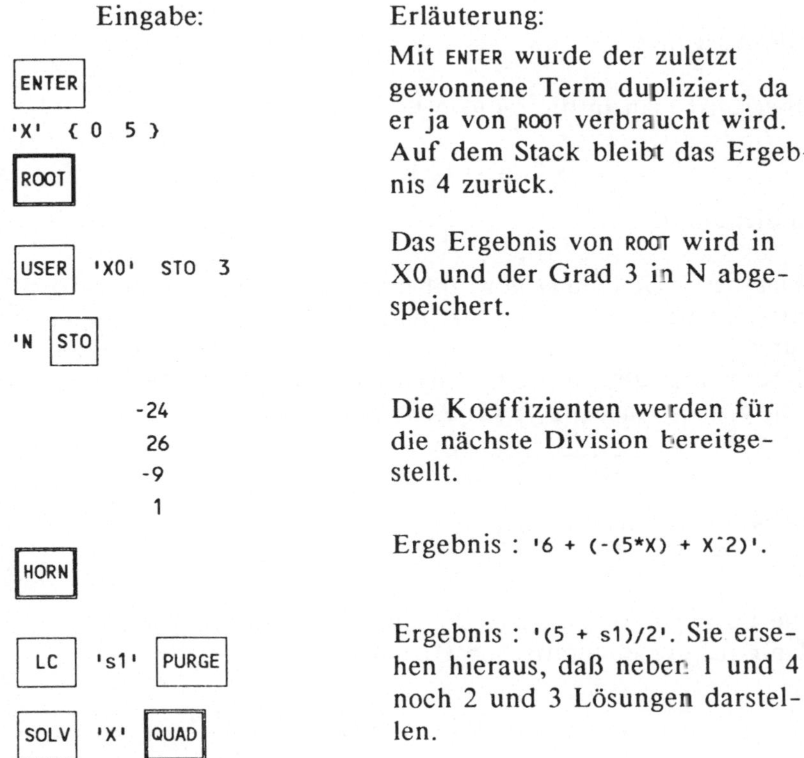

Erläuterung:

Mit ENTER wurde der zuletzt gewonnene Term dupliziert, da er ja von ROOT verbraucht wird. Auf dem Stack bleibt das Ergebnis 4 zurück.

Das Ergebnis von ROOT wird in X0 und der Grad 3 in N abgespeichert.

Die Koeffizienten werden für die nächste Division bereitgestellt.

Ergebnis : '6 + (-(5*X) + X^2)'.

Ergebnis : '(5 + s1)/2'. Sie ersehen hieraus, daß neben 1 und 4 noch 2 und 3 Lösungen darstellen.

Wenn die betrachtete Gleichung durch Näherung nicht zugänglich ist, kann man die Lösung durch eine Formel herbeiführen. Für das hier vorgestellte Verfahren vergleiche man [7], S.502 oder [3], S.118). Die Lösung wird in drei Schritten vollzogen.

Lösungsverfahren:

Die Ausgangsgleichung $x^4 + a_3 x^3 + a_2 x^2 + a_1 x + a_0 = 0$

überführt man in die reduzierte Gleichung

$$y^3 - a_2 y^2 + (a_1 a_3 - 4a_0)y + 4a_0 a_2 - a_0 a_3^2 - a_1^2 = 0.$$

Gleichung (1.2.27)

Aus dieser Gleichung gewinnt man durch Näherung eine reelle Lösung y_1. Beachten Sie, daß die üblichen Algorithmen zur Lösung von Gleichungen dritten Grades drei Lösungen liefern, hier aber nur eine Lösung benötigt wird. Mit Hilfe von y_1 errechnet man zwei Zwischenlösungen:

$$z_1 = \sqrt{4y_1 + a_3^2 - 4a_2} \quad \text{und} \quad z_2 = -z_1$$

Zwischenlösungen (1.2.28)

Die Lösungen der ursprünglichen Gleichung ergeben sich dann aus der quadratischen Gleichung:

$$x^2 + (a_3 + z_{1,2}) * 0.5 * x + 0.5 * \left(y_1 + \frac{a_3 y_1 - 2a_1}{z_{1,2}} \right) = 0$$

reduzierte quadratische Gleichung (1.2.29)

Durchführung:

Beachten Sie, daß für $z_1 = 0$ keine Lösung bestimmt werden kann. Die Übersetzung des Problems auf den HP 28 stellt ein Beispiel zum Umgang mit Formelausdrücken dar. Dazu speichert man den Term:

```
'Y^3 - A2*Y^2 + (A1*A3 - 4*A0)*Y + 4*A0*A2 - A0*A3^2 - A1^2'
```

als Repräsentant der Gleichung (1.2.27) in der Variablen EQ und wertet im SOLVR-Menu aus. Wenn das Lösungsverfahren mehrfach benutzt wird, sollten die Koeffizienten $a_3,..,a_0$ in den Variablen A3,..,A0 abgespeichert sein. Das interne Lösungsschema ersetzt die Variablen bei der Auswertung des

Terms durch die gespeicherten Zahlenwerte. Ansonsten können freilich die Konstanten selbst in den Term eintreten.

In der Variablen Y bleibt die Näherungslösung zurück. Der
Ausdruck ZL enthält nach Auswertung die Zwischenlösung z_1
aus (1.2.28).

$$\text{ZL} : \text{' } \sqrt{} \text{ (4*Y + A3\textasciicircum 2 - 4*A2)'.}$$

Die Gleichung (1.2.29) schließlich wird von der Lösungsprozedur QUAD ausgewertet. Das Ergebnis des Ausdrucks ZL das
Vorzeichen mitführen, die Variable V soll das Vorzeichen repräsentieren.

$$\text{QGL} : \text{'X\textasciicircum 2 + (A3 +V* ZL)/2*X + .5 *(Y + (A3*Y - 2*A1)/(V*ZL))'}$$

Beispiel (1.2.30)

Die Gleichung $x^4 + 2x^3 - 7x^2 - 8x + 12 = 0$ soll gelöst werden. Dazu sei die Variable EQ wie beschrieben vorbereitet,
sowie ZL und QGL abgespeichert.

Eingabe:	Erläuterung:
	Die Variablen werden vorbereitet.
'X PURGE	
's1 PURGE	
1 'V STO	
SOLV SOLVR	Blenden Sie das *SOLVR*-Menu ein.
2 A3	Die Variablen in EQ erhalten die
-7 A2	aktuellen Werte, wobei der
-8 A1	Startwert für Y nur der Ver
12 A0	gleichbarkeit halber festgelegt
5 Y	wird.

Eingabe:	Erläuterung:
SHIFT Y	Sie bestimmen einen Näherungswert für die Variable Y, hier den Wert 8.
ZL EVAL	Der Wert von ZL darf nicht Null sein.
USER QGL	Die quadratische Gleichung erscheint in Ebene 1.
EVAL EVAL	Die in der quadratischen Gleichung auftretenden Variablen werden in zwei Stufen substituiert. Es erscheint die zusammengefasste Gleichung $'x^2+5*x+6'$ in Ebene 1.
'X' ENTER	Es erscheint die Darstellung eines Lösungspaares: $'(-5+s1)/2'$.
SOLV QUAD	
-1 'V STO	Vorzeichenwechsel für den Ausdruck ZL.
USER QGL	Die zweite quadratische Gleichung erscheint : $'x^2-3*x+2'$
EVAL EVAL	
'X ENTER	Das zweite Lösungspaar ist durch $'(3+s1)/2'$
SOLV QUAD	

Aus der Darstellung der beiden Lösungspaare ergeben sich die Lösungen -2, -3, 1 und 2. Beachten Sie bitte, daß der Startwert 0 für die Variable Y zu dem Wert 0 für ZL und damit zu einer unzulässigen Lösung geführt hätte. Durch die überschaubaren Möglichkeiten, den Lösungsprozess interaktiv zu steuern, spendet ein Programm an dieser Stelle keinen zusätzlichen Nutzen.

1.2.2.6 Gleichungen höheren Grades

Für algebraische Gleichungen vom Grad 5 oder höher können mit den bisher besprochenen Verfahren alle reellen Nullstellen angenähert werden. Bei mehreren genäherten Lösungen ist allerdings eine Kumulation der Verfahrensfehler zu erwarten. Bleibt nach Polynomdivision noch eine Gleichung vom Grad höchstens 4 übrig, so führt das oben besprochene Verfahren auch im komplexen Fall zu einer Lösung. Es sind weitere Verfahren bekannt, die ohne nähere Kenntnis von Startwerten durch eine Iteration sämtliche reellen und komplexen Lösungen annähern. Angesichts der im Rechner implementierten Algorithmen wurde auf die Darstellung zusätzlicher Iterationsverfahren verzichtet. Ein nutzbringender Einsatz der eingebauten Algorithmen setzt allerdings die überschlägige Kenntnis der Lage der Lösungen voraus. Diese Kenntnis kann man nicht immer mit Hilfe der graphischen Darstellung gewinnen, denn das zu zeichnende Intervall muß ja ebenfalls sinnvoll festgelegt sein. Aus der Literatur sind eine Reihe von Abschätzungen bezüglich Anzahl und Lage reeller Lösungen bekannt. Zur Lage der reellen Lösungen sei hier lediglich eine Abschätzung angegeben. (entnommen aus [1],S.47)
Es sei

$$Q_i = \frac{|a_i|}{|a_n|} \quad , \quad q_i = \frac{|a_i|}{|a_0|} \quad \text{wobei } |a_0| > 0 \; ,$$

sowie $A = \max \{Q_0,..,Q_{n-1}\}$ und $B = \max \{q_1,...,q_n\}$.

Dann gilt für jede Nullstelle x: $1/(1+B) \leq |x| \leq 1+A$.

Abschätzung (1.2.31)

Zur Eingrenzung der Lösungen in einem geeignet gewählten Intervall denke man sich die Wertetabelle des Terms P(x) der Gleichung P(x) = 0 mit einer gewissen Schrittweite S bestimmt. Dann kann in der Wertetabelle an einem Vorzeichenwechsel die Anwesenheit wenigstens einer Nullstelle erkannt werden. Für algebraische Gleichungen ist dieses Verfahren wegen Stetigkeit von P(x) zuträglich, bei nichtalgebraischen Gleichungen sollten stetige Teilintervalle zugrunde gelegt werden. Die Laufzeit hängt von der Schrittweite S und der Länge des betrachteten Gesamtintervalls ab. Sonderfälle, wie sehr dicht zusammenliegende Lösungen oder Lösungen, die keinen Vorzeichenwechsel nach sich ziehen (Kurve berührt nur die Abszisse) werden eventuell durch dieses Verfahren nicht gefunden. Das Programm läßt sich natürlich weiter ausbauen, indem etwa Richtungswechsel von negativer auf positive Steigung einbezogen werden. Das folgende Programm stellt in einem Intervall [L , R] für Teilintervalle der Länge S fest, ob dort ein Vorzeichenwechsel des Terms P(x) vorliegt. Das Programm ist hier VZW genannt.

Programm (1.2.32) VZW:

```
« L R FOR X IF X P SIGN X S + P SIGN ≠
THEN X X S + 2 ->LIST END S STEP »
```

Zur Eingabe können Sie FOR, STEP, IF, THEN und END aus dem BRANCH-Menu, SIGN aus dem REAL-Menu und ->LIST aus dem LIST-Menu entnehmen. Nach einer Eingewöhnungszeit werden Sie die einzelnen Anweisungen aus den Menus heraus schneller aktivieren, als durch zeichenweise Eingabe über die Tastatur.

Anweisung:

```
L  R  FOR  X .. S
           STEP
```

Erläuterung:

L und R stellen Speichervariable dar, da eventuell mehrere Läufe stattfinden. L und R müssen also vor Programmbeginn korrekt gespeichert sein. Die lokale Variable X durchläuft die reellen Zahlen L, L+S, L+2S, ..., R. Dabei wird R eventuell um einen Betrag kleiner als S überschritten.

```
IF  X  P  SIGN  X  S  +
        P  SIGN  ≠
```

Die hier benutzte Kontrollstruktur lautet: IF Bedingung THEN Anweisungen END. Mit X wird zunächst der Wert der Variablen X auf den Stack gelegt, mit P das Polynom P an der Stelle X ausgewertet und mit SIGN das Vorzeichen des Polynomwertes festgestellt. Das gleiche geschieht an der Stelle X+S. Die Bedingung wird erst durch das Ungleichheitszeichen ausgewertet. Wenn die beiden Vorzeichen ungleich sind, dann ist die Bedingung erfüllt und die Anweisungen nach THEN werden ausgeführt, andernfalls geschieht nichts.

```
THEN  X  X  S  +  2
      ->LIST  END
```

Im Fall verschiedener Vorzeichen werden X und X+S als Liste in der Form { X X+S } gespeichert. Diese Liste kann als Startintervall der Lösungsprozedur dienen, da hier sicher wenigstens eine Nullstelle vorliegt.

Beispiel (1.2.33)

Für die Gleichung aus Beispiel (1.2.30)

$$x^4 + 2x^3 - 7x^2 - 8x + 12 = 0$$

suche man passende Startintervalle für die Lösungsprozedur. Das Programm VZW benötigt in der Variablen P das Polynom P(x). Für einen korrekten Ablauf von VZW soll P beim Aufruf sein Argument vom Stack nehmen. Mögliche Formen für P sind bei dem gegebenen Beispiel:

```
« -> X  ' X^4 + 2*X^3 - 7*X^2 - 8*X + 12 ' »

« 'X' STO  X 2 + X * -7 + X * -8 + X  * 12 + »

« 'X' STO  X 4 ^ X 3 ^ 2 * + X 2 ^ 7 * - X 8 * -  12 + »
```

Im zweiten Format erkennen Sie das Hornerschema wieder, das beim gegenwärtigen Beispiel zu besseren Rechenzeiten führt. Im folgenden wird das erste Format zugrunde gelegt. Die beiden anderen Formen von P benutzen eine Speichervariable. Geben Sie zunächst das Polynom ein und speichern unter dem Namen P. Aus den oben genannten Abschätzungen entnehmen Sie die Werte -13 für L und 13 für R. Für S werde 0.5 gewählt.

Eingabe:	Erläuterung:
	Die Eingabe der Startwerte.
13 'R STO	
-13 'L STO	
0.5 'S STO	
	Der Programmaufruf.
VZW	

Die Ergebnisse:

Ebene:		Anzeige:
8:		{-3.6 -3}
7:		{-3 -2.5}
6:		{-2.5 -2}
5:		{-2 -1.5}
4:		{ .5 1}
3:		{ 1 1.5}
2:		{1.5 2}
1:		{2 2.5}

Deutung: Da das Programm VZW bei der aktuellen Wahl der
Parameter L, R und S die Lösungen genau trifft, liegen die
Lösungen immer in je zwei Intervallen.

Zur Berechnung der Lösungen sollte die Lösungsprozedur vom
SOLVR-Menu aus benutzt werden. Dazu muß die vordefinierte Variable EQ das Polynom aus der Variablen P in der
Form ' X^4 + 2*X^3 − 7*X^2 − 8*X + 12 '
übernehmen. Rufen Sie das Programm P mit RCL in die
Eingabezeile und löschen die überflüssigen Zeichen, indem Sie
zunächst mit EDIT in den Edit-Modus eintreten, die zu
löschenden Zeichen mit dem Cursor überdecken und durch DEL
löschen. Die Cursorsteuertasten sind im Edit-Modus aktiv, so
daß Sie auch ans Ende des Programms gelangen und das
Abschlußzeichen für das Programm löschen können. Speichern
Sie den gewonnenen Term mit STEQ in der Variablen EQ.
Wechseln Sie in das SOLVR-Menu. Der folgende Vorgang
wiederholt sich acht Mal:

Eingabe:	Erläuterung:
X	Die Liste aus Ebene 1 wird als Startintervall für die Lösungs- prozedur übernommem.
[SHIFT] X	Die Lösungsprozedur startet und liefert als das erste Ergebnis: 2.

Eingabe: Erläuterung:

8 `ROLL`   Die Liste aus Ebene 8 erscheint
                            in Ebene 1 und durch Aufruf
                            der Lösungsprozedur wird die
                            Lösung bestimmt.

Es ist denkbar, die Prozedur ROOT in das Programm VZW
einzubauen, so daß die Lösungen unmittelbar im Display erscheinen. Für eine interaktive Analyse der Lösungen eignen
sich jedoch die Funktionen des *SOLVR*-Menus besser.

1.2.3 Nichtalgebraische Gleichungen

Es ist in diesem Zusammenhang nicht möglich, ein allgemei-
nes Lösungsverfahren zu formulieren, das für alle Formen
nichtalgebraischer Gleichungen die Lösungsmenge exakt an-
gibt. Darüber hinaus greifen Klassifizierungen nach
Funktionstypen zu kurz. Nehmen Sie die folgenden vier
Aspekte als grobe Anhaltspunkte.

Wenn Sie nach reellen Lösungen einer Gleichung suchen, dann
können Sie diese mit der Lösungsprozedur (ROOT oder im
SOLVR-Menu) näherungsweise bestimmen. Der besondere
Vorzug der Lösungsprozedur besteht darin, daß die Gleichung
dabei weder auf einen besonderen Typ noch eine besondere
Darstellungsform beschränkt ist. Für einen effizienten Umgang mit der Lösungsprozedur sollten Sie allerdings die ungefähre Lage der Lösungen kennen. Der HP 28 kann Ihnen
ferner die richtige Interpretation der erhaltenen Ergebnisse
nicht abnehmen.

Wenn die Variable, nach der die Gleichung gelöst werden soll,
nur einmal vorkommt, oder auf einfache Weise in eine solche
Form gebracht werden kann, dann bietet sich die Prozedur
ISOL an. Diese Prozedur hat den Vorzug, daß sie sämtliche

Lösungen in einem symbolischen Ausdruck darstellt, und damit die Lösungsvielfalt auf einen Blick erkennen läßt. Ein solcher Ausdruck enthält auch die komplexen Lösungen.

Beispiele für solche Gleichungen:

$$y = \cosh(1/(3 + 2x^4)), \quad 3^{x+2} = 7^{5x}, \quad \sin(x) = 9$$

Die letzte Gleichung zeigt an, daß die Winkelfunktionen im Komplexen fortgesetzt werden. Die üblichen Theoreme gelten.

Schließlich ist es in einigen Fällen möglich, die Gleichung durch Umformung auf algebraische Gleichungen zurückzuführen. Deren Lösung muß freilich durch eine Probe mit der ursprünglichen Gleichung verifiziert werden. Das Beispiel (1.2.36) liefert hierzu Anschauungsmaterial.

Die Lösungsprozedur versetzt ferner in die Lage, Gleichungen $P(x) = 0$ zu lösen, bei denen $P(x)$ nicht als Funktionsterm aus vordefinierten Standardfunktionen aufgebaut ist, sondern als Programm etwa durch Iteration einen Funktionswert $P(x)$ annähert. Typisches Beispiel könnte eine Funktion sein, die näherungsweise eine Anfangswertaufgabe einer Differentialgleichung löst (vgl. das Kapitel Differentialgleichungen). In diesem Fall ist der Funktionsterm nicht explizit bekannt, aber offenbar kann es von Bedeutung sein, Nullstellen der angenäherten Funktion zu bestimmen. Der Gleichungslöser ermöglicht dies, übrigens läßt sich in diesem Fall auch ein Graph der Funktion ins Display bringen. Als einfaches Beispiel dient hier ein Programm, das eine abschnittsweise definierte Funktion realisiert. Diese Funktion wird von der Lösungsprozedur und von der Graphikroutine richtig verarbeitet.

```
EQ: « IF X 0 ≤ THEN X NEG 5 - ELSE X 2 ^ 2 - END »
```

Die Zuordnungsvorschrift lautet:

$$\text{wenn } x \leq 0 \text{ dann } P(x) = -x - 5 \text{ sonst } P(x) = x^2 - 2.$$

Speichern Sie in der Variablen EQ. Lassen Sie den Graph in Standardeinstellung zeichnen. Rufen Sie im SOLVR-Menu die Lösungsprozedur für die Startwerte -6 und 2 auf. Die Lösungen sollten mit -5 und 1.414 ausgegeben werden.

Beispiel (1.2.34)

Die Gleichung

$$0.13x^2 - \sin(4x) = -0.37 \text{ soll gelöst werden.}$$

Diese Gleichung läßt sich nicht mit elementaren Methoden
nach x auflösen. Die Durchführung zeigt auch den Umgang
mit mehreren Näherungspunkten. Eine grafische Darstellung
liefert erste Anhaltspunkte für die Lösungen.

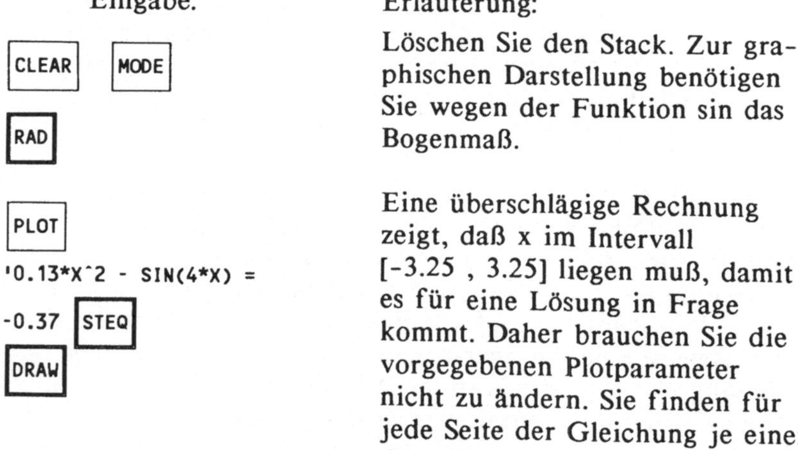

<table>
<tr><td>Eingabe:</td><td>Erläuterung:</td></tr>
</table>

Eingabe:

CLEAR   MODE
RAD

PLOT
'0.13*X^2 - SIN(4*X) =
-0.37 STEQ
DRAW

Erläuterung:

Löschen Sie den Stack. Zur gra-
phischen Darstellung benötigen
Sie wegen der Funktion sin das
Bogenmaß.

Eine überschlägige Rechnung
zeigt, daß x im Intervall
[-3.25 , 3.25] liegen muß, damit
es für eine Lösung in Frage
kommt. Daher brauchen Sie die
vorgegebenen Plotparameter
nicht zu ändern. Sie finden für
jede Seite der Gleichung je einen
Graph vor.

Nach Ablauf des Zeichenvorgangs sind die Cursorsteuertasten
aktiv. Führen Sie das Fadenkreuz durch Drücken der Cursortasten in die Nähe der Schnittpunkte. Digitalisieren[8] Sie sechs
Stellen, die in der Nähe der Schnittpunkte beider Graphen liegen, indem Sie die Koordinaten der Punkte durch Drücken
der Taste INS in den Stack übernehmen.

---

[8] digitalisieren = Koordinaten eines Punktes aus dem Graph entnehmen

Weitere Tastenfolge:

| ON | SOLV | SOLVR |

Nach Abschluß der Digitalisierung wechseln Sie mit ON vom Graphikdisplay zum alphanumerischen Display und weiter über das *SOLV*-Menu in das *SOLVR*-Menu. Um sämtliche Lösungen auf dem Stack zu bearbeiten, wiederholen Sie den folgenden Vorgang sechsmal.

Anweisung:	Erläuterung:
6 ROLL	Der jeweils in Ebene 8 befindliche Startpunkt erscheint in Ebene 1.
X SHIFT X	Indem Sie die Menutaste für X drücken wird der Startwert aus Ebene 1 in die Variable X übernommen. Die Zweitfunktionstaste bewirkt zusammen mit der Taste für X den Start der Lösungsprozedur.

Sie finden nun zwei Zustände des Lösungsprozesses protokolliert, nach der Digitalisierung und nach Bearbeitung durch die Lösungsprozedur mit gerundeten Werten.

Ebene:	Anzeige:	
	Startwerte:	Ergebnisse:
6:	(-1.4,-.4)	-1.402
5:	(-1,-.4)	-0.91
4:	(0,-.4)	-9.507E-2
3:	(.7,-.4)	0.675
2:	(1.8,-.4)	1.799
1:	(2.2,-.4)	2.062

Das Programm VZW liefert mit L = -3.5 , R = 3.5 , S = 0.1 und der Funktion P :

```
« -> X  '0.13*X^2 - SIN(4*X) + 0.37' »
```

Die Startintervalle:

$$\{-1.5\ -1.4\},\{-1\ -0.9\},\{0\ 0.1\},\{0.6\ 0.7\},\{1.7\ 1.8\},\{2\ 2.1\}.$$

Diese Startintervalle führen zu den bekannten Ergebnissen.

Beispiel (1.2.34)

Die Lösungen der Gleichung

$$\tan(x) = x*\cos(2x)$$

sind gesucht. Eingabe:

```
'TAN(X) - X*COS(2*X)   PLOT    STEQ
```

In diesem Fall sind die Schnittpunkte beider Graphen nicht deutlich identifizierbar, der genannte Term läßt Schnittpunkte auf der Abszisse besser erkennen. Da sehr viele Lösungen auftreten, müssen Sie sich für ein bestimmtes Intervall entscheiden. Wenn Sie zunächst den graphischen Zugang zur Lösung wählen, dann legen Sie die Plotparameter so fest:

$$\{ (0,-5)\ (12,6)\ X\ 1\ (0,0) \}.$$

Zum Ändern der Plotparameter schreiben Sie 'PPAR' in die Eingabezeile und rufen die Parameter selbst mit VISIT in die Eingabezeile. Stellen Sie die Eingabefunktion mit INS auf Einfügen um und geben an den entsprechenden Stellen der Parameterliste die gewünschten Werte ein, wobei Sie eventuell nicht benötigte Werte mit DEL löschen. Dazu muß der Cursor das jeweilige Zeichen überdecken.

Rufen Sie nun DRAW auf. Durch Digitalisieren finden Sie etwa folgende Punkte, die hier gerundet wiedergegeben werden: (3.8,0), (4.8,0), (5.4,0), (7,0) (7.9,0), (8.6,0), (10.1,0), (11.1,0), (11.7,0). Die Lösung 0 wird hier nicht weiter bearbeitet.

Nach Verarbeiten der Startwerte durch die Lösungsprozedur finden Sie in entsprechenden Reihenfolge als Lösungen:

3.821,	4.933,	5.378,	7.006,
7.983,	8.573,	10.165,	11.087,
11.734.			

Das Programm VZW liefert mit L = 0, R = 12 und S = 0.1 zusätzlich zu den Intervallen, die die angegebenen Lösungen einschließen, die Startintervalle {0 .1}, {1.5 1.6}, {4.7 4.8}, {7.8 7.9}, {10.9 11}. Diese zuletzt genannten Startintervalle schließen mit Ausnahme des ersten Intervalls Unstetigkeitsstellen der Ausgangsfunktion ein. Die Intervalle werden von der Lösungsprozedur ohne Hinweis auf Unstetigkeit verarbeitet, wobei die Probe der Ergebnisse von der Größenordnung her zeigt, daß keine Lösung vorliegt, beziehungsweise eine Lösung sehr unwahrscheinlich ist. Beachten Sie, daß weder Probe noch Vorliegen eines sinnvollen Ergebnisses einen Beweis für die Existenz einer Lösung darstellen. Zur Deutung der Ergebnisse vergleichen Sie ferner das Kapitel 1.2.1.2 .

Nicht immer können Sie aus graphischen oder sonstigen naheliegenden Anhaltspunkten Startwerte oder Startintervalle gewinnen, daher wird ein systematisches Abtasten eines gewählten Intervalls unter Umständen unumgänglich sein. In diesem Fall werden also Plausibilitätsüberlegungen erforderlich.

Beispiel (1.2.35)

Lösen Sie die Gleichung

$$3^{x-7} * 5^{2x} - 17^{5x+1} = 0 \ .$$

Diese Gleichung zeigt, wie symbolische und numerische Hilfsmittel bei der Lösung zusammenspielen. Achten Sie darauf, den Multiline-Modus einzuschalten, bei dem Ausdrücke, die länger sind als eine Displayzeile, nach Möglichkeit in

mehreren Zeilen dargeboten werden. Sie finden die Funktion
+ML (ML bei HP 28C) im MODE-Menu. Der Überblick bei der
Umformung von Termen bleibt so erhalten. Falls zuvor Änderungen bei den Flags vorgenommen wurden, so ist es wünschenswert, Flag 36 zu setzen. Ansonsten werden Funktionsterme sofort ausgewertet ohne die Möglichkeit symbolischer
Umformungen.

Eingabe:	Erläuterung:
'X' PURGE	Die vorbesetzte Variable X könnte beim späteren Zusammenfassen zu einer ungewollten Ersetzung führen.
'3^(X-7) * 5^(2*X) - 17^(5*X+1) = 0' ALGEBRA FORM	Die Gleichung wird zunächst für die Logarithmierung vorbereitet. Führen Sie den Cursor mit der Menutaste [->] auf das Zeichen '^' nach der 17.
EXGET SWAP DROP	Zunächst wurde der Term 17^(5*X+1) in Ebene 1 übernommen. Der Parameter 17 gibt die Position in der Gleichung an und ist für die folgenden Schritte unerheblich.
+	Die richtige Form der Addition erkennt der Rechner selbständig, führt also die Addition des neu gewonnenen Terms auf beiden Seiten der Gleichung durch.
ALGEBRA COLCT	Beide Seiten der Gleichung werden zusammengefasst.

Eingabe:

Erläuterung:

Schalten Sie auf das *LOGS*-Menu um und logarithmieren beide Seiten. Ergebnis:

`LN(3^(-7+X)*5^(2*X)) =`
`LN(17^(11+5*X))`

Der Logarithmus löst den Exponentialausdruck in drei Stufen auf. Ergebnis:

`LN(3)*X-LN(3)*7+LN(5)*(2*X) =`
`LN(17)*(5*X) + LN(17)*1.`

Die Funktionsausdrücke werden nun ausgewertet, so daß als Ergebnis bei drei Nachkommastellen angezeigt wird: `'-7.690+4.317*X = 2.833+14.166*X'` . Beide Ausdrücke, die X enthalten sollen nun zusammengefasst werden.

Die Konstante 7.690 wird von EXGET aus der Gleichung in Ebene 1 kopiert und nach Vorzeichenwechsel beiden Seiten hinzuaddiert. Das Gleiche geschieht mit 14.166*X auf der rechten Seite. Das Ergebnis muß `'-(9.849*X) = 10.523'` sein.

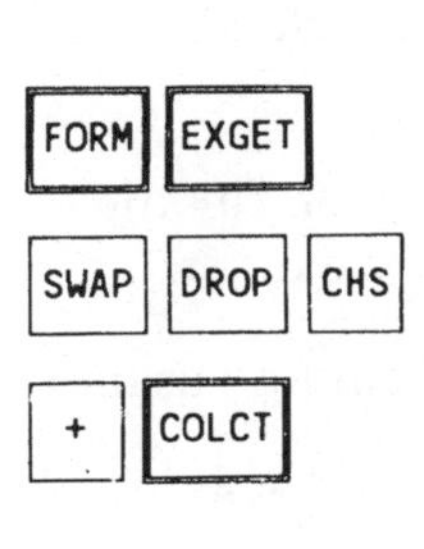

Hierbei entsteht die Lösung −1.069, die Sie auch beim Lösungsversuch mit der Lösungsprozedur im *SOLVR*-Menu erhalten.

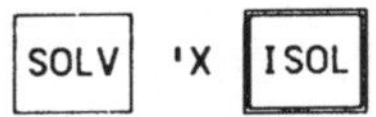

Beispiel (1.2.36)

Lösen Sie die Gleichung

$$\sqrt{(3x - 2)} = 7x - 12$$

Eingaben:	Erläuterung:

`'√(3*X - 2) = 7*X - 12`

[ENTER]

[X²]

Durch Quadrieren entfernen Sie die Wurzel.

[ALGEBRA] [EXPAN]

Die rechte Seite wird ausmultipliziert. Ergebnis:
`'3*X - 2 = (7*X)^2 - 2*(7*X)*12 +12^2`

[FORM]

Führen Sie nun den Cursor mit [->] auf das '-' vor der 2.

[EXGET]

Sie holen den Ausdruck 3*X - 2 in Ebene 1.

[SWAP] [DROP]

Der Positionsparameter für diesen Ausdruck verschwindet.

[-] [COLCT]

Sie fassen die Gleichung zusammen. Ergebnis:
`'0 = 146 + (7*X)^2 - 171*X'`

Eingabe:

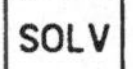 'X 

Erläuterung:

Nach Auswertung des Ergebnis-
ausdrucks erhalten Sie die Lösungen 2 und 1.48979591837.
Einsetzen in den ursprünglichen
Ausdruck ergibt, daß der Wert
1.48979591837 auf der rechten
Seite zu einem negativen Vorzeichen, mithin zu einer unzulässigen Lösung führt, während 2
eine zulässige Lösung darstellt.

1.3 Untersuchung von Funktionen

Übersicht über die wichtigsten Beispiele dieses Kapitels:

Der HP 28 akzeptiert Funktionen in zweierlei Notation:

1. Symbolische Notation: '*Term*'
Anstelle von '*Term*' dürfen alle über das Tastenfeld aktivierbaren Funktionen und deren zulässige Verknüpfungen auftreten, soweit sie sich als geschlossenen Ausdruck darstellen lassen. Es handelt sich um die rationalen und algebraischen Funktionen, die Winkelfunktionen, die Logarithmusfunktionen, die Exponentialfunktionen einschließlich der hyperbolischen Funktionen und der Areafunktionen sowie der Gammafunktion. Ferner können Sie vier Verteilungsfunktionen unmittelbar auswerten, diese jedoch nicht in einen Funktionsterm einsetzen.
Beispiele: `'SIN(X) + COS(X^2)'`, `'EXP(ABS(X-3+Y))'`, `'X^X + INV(X)'`, `3*X^3 + 12/(X^2 + 2)'`.

Die Funktionsterme werden in dieser Form von der Lösungsprozedur, der Ableitungsprozedur, der Integrationsprozedur
und der Graphik verarbeitet.

2. Programmnotation: « *Programm* »
In der Praxis treten neben den oben genannten Funktionen
auch solche auf, die nicht geschlossen darstellbar sind. Häufig
handelt es sich um näherungsweise berechnete Funktionen,
etwa solche, die auf numerisch gelösten Differentialgleichungen beruhen (vgl. das betreffende Kapitel) oder auf Inte-
gralen, die keine geschlossen darstellbare Stammfunktion besitzen. Es kann sich um abschnittsweise definierte Funktionen
handeln (zum Beispiel Splines, vgl. Kapitel 'Interpolation'). In
allen Fällen, in denen die Werte einer Funktion nicht durch
Einsetzen in einen Term gewonnen werden können, lässt sich
ein Algorithmus zur Berechnung des Funktionswertes angeben.
Die vier eingebauten Verteilungsfunktionen dürfen in einem
Programm auftreten. Die Programmiersprache des HP 28 ist
genügend ausdrucksstark, um alle wichtigen Algorithmen zu
beschreiben. In Programmform notierte Funktionen können
mit dem Gleichungslöser, der Integrationsprozedur und der
Graphikprozedur untersucht werden.

Beispiel (1.3.1)

Speichern Sie das folgende Programm unter dem Namen
WURZEL:

```
« X  2  /  'Z'  STO  DO  '0.5*(Z + X/Z)'  EVAL  'Z'  STO
      UNTIL  'ABS(Z^2 - X) < 0.001'  EVAL  END  Z  »
```

Das Programm zeigt an dem einfachen Beispiel der Quadrat-
wurzelfunktion die näherungsweise Berechnung der Werte einer Funktion. Es realisiert die Iteration:

$$Z_{n+1} = 0.5(Z_n + X/Z_n) \quad \text{mit dem Startwert } Z_1 = X/2$$

und hinterlässt einen Näherungswert für die Wurzel aus X,
dessen Quadrat sich in den ersten beiden Stellen nicht vom
Original unterscheidet. Die Schleifenform

DO *Schleifenanweisung* UNTIL *Abbruchbedingung* END

führt die Schleifenanweisung durch, bis die Abbruchbedingung eintritt, mindestens jedoch einmal.

Anweisung:	Erläuterung:
`X  2  /  'Z' STO`	Der Startwert wird auf $X/2$ gesetzt und in der Variablen Z gespeichert. Z enthält auch die weiteren Näherungswerte.
`'0.5*(Z + X/Z)'` `EVAL  'Z'  STO`	Bei jedem neuen Iterationsschritt wird die Iterationsformel ausgewertet und der gewonnene Näherungswert in Z gespeichert. Die Notation wurde der Lesbarkeit halber gewählt, die Berechnung kann natürlich auch über den Stack abgewickelt werden.
`'ABS(Z^2 - X) < 0.001'` `EVAL`	Die Abbruchbedingung lautet: $|Z^2 - X| < 0.001$. Sie wird nach jedem Iterationsschritt getestet. Ist sie erfüllt, endet die Schleife.
`Z`	Der Näherungswert für Wurzel aus X wird auf dem Stack zurückgelassen.

Testen Sie das Programm durch die Anweisungsfolge:

3 'X STO WURZEL .

Das Ergebnis sollte 1.73214285714 sein.

Sie können nun beobachten, daß das Programm einen Graph erzeugt, wie er von der Wurzelfunktion erwartet wird.

Speichern Sie das Programm in EQ durch:

[WURZEL] [RCL] [STEQ]

Ändern Sie die Plotparameter mit 'PPAR' VISIT durch Überschreiben auf die Werte {(.1, -.5) (6.8, 2.6) X 1 (0,0)}. Benutzen Sie die bei der Funktion VISIT aktiven Cursorsteuertasten
und schließen mit ENTER ab. Sind die Plotparameter noch nicht
erzeugt, dann geben Sie diese mit EDIT so ein. Starten Sie nun
den Zeichenvorgang mit DRAW.

Das Programm WURZEL kann wie jede andere Funktion mit
dem Gleichungslöser analysiert werden. Speichern Sie den
Ausdruck 'WURZEL = 3' in der Variablen EQ. Wählen Sie die
SOLVR-Menuzeile an. Sie erhalten Zugriff auf die Variablen
X und Z sowie mit LEFT= und RT= auf die beiden Seiten der
Gleichung in EQ. Versuchen Sie zunächst, die Funktion
WURZEL direkt auszuwerten. Übernehmen Sie die Zahl 3 in
die Variable X. Die Anweisung LEFT= erzeugt den Funktions-
wert von WURZEL: 1.7321 (gerundet). Lassen Sie nun die
Lösung der Gleichung 'WURZEL = 3' durch die Lösungs-
prozedur bestimmen, indem Sie das Startintervall {8 10} in die
Variable X übernehmen. Die Lösungsprozedur liefert nach
dem Aufruf durch SHIFT X den gerundeten Wert 8.9999 mit der
Meldung ZERO.

Die Funktionsuntersuchung kann hier nicht systematisch betrieben werden. Die behandelten Beispiele nutzen vor allem
die eingebauten Fähigkeiten zur Differentiation und Integration. Für die Nullstellenbestimmung sei auf die Lösung von
Gleichungen verwiesen. Besonderes Augenmerk liegt auf dem
Sachverhalt, daß Differentiation und Integration nicht nur
numerische sondern auch symbolische Ergebnisse liefern. Insbesondere lassen sich auch selbstdefinierte Funktionen, die auf
keinen bekannten Funktionstyp zurückführbar sind, in sinn-
voller Weise in die Integrations- und Differentiationsproze-
duren einbeziehen. Diese sehr weitreichenden Möglichkeiten
können hier nicht vollständig ausgelotet werden.

1.3.1 Verwendung der Ableitungsprozedur

Die Ableitungsprozedur gibt zu einer reellwertigen differen-
zierbaren Funktion f(x) die Ableitungsfunktion f'(x) in
geschlossener Form an, soweit diese im Rechner eingebaut ist,
oder aus eingebauten Funktionen durch die üblichen Verknüpfungen wie Summe, Differenz, Produkt, Quotient und
Verkettung gebildet werden kann. Das Ergebnis der Ableitungsprozedur ist der Term der Ableitungsfunktion oder der
Wert der Ableitungsfunktion an einer vorgewählten Stelle.

Beispiel (1.3.2)

Der Wert der Ableitung von f(x) = x*sin(x) soll an der Stelle
x = 2.9 bestimmt werden.

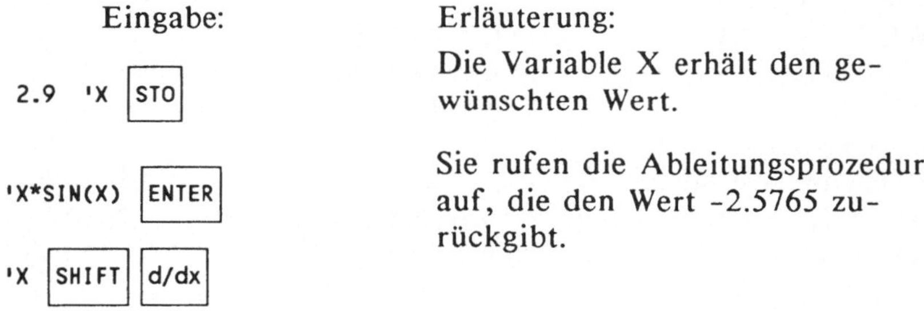

Die symbolische Lösung erhalten Sie immer dann, wenn die
Variable, nach der Sie ableiten, nicht gespeichert ist, das
heißt, wenn sie nicht im *USER*-Menu verzeichnet ist.

Beispiel (1.3.3)

Bestimmen Sie die Ableitungsfunktion von $f(x) = \cos(x^{-3})$.

Eingabe: Erläuterung:

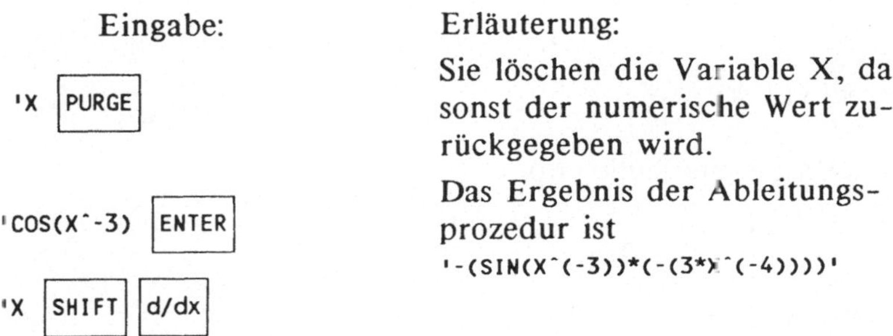

Sie löschen die Variable X, da sonst der numerische Wert zurückgegeben wird.

Das Ergebnis der Ableitungsprozedur ist

'-(SIN(X^(-3))*(-(3*X^(-4))))'

1.3.1.1 Bestimmung von Extremwerten

Im Zusammenhang mit der Lösung von Gleichungen ist deutlich geworden, daß die Lösungsprozedur unter bestimmten Umständen lokale oder globale Extremwerte findet. Daher soll zunächst an Beispielen gezeigt werden, wie die Lösungsprozedur speziell zur Bestimmung von Extremwerten eingesetzt werden kann. Im Anschluß daran finden Sie Beispiele zur Verwendung der Ableitungsfunktion im gleichen Zusammenhang.

1.3.1.1.1 Extremwertbestimmung mit der Lösungsprozedur

Die eingebaute Lösungsprozedur findet Extremwerte einer Funktion, sofern es sich um lokale Minima des Betrags der Funktion handelt. Das bedeutet, Minima sollten oberhalb, aber Maxima unterhalb der Abszisse liegen. Ist diese Lage nicht gegeben, dann kann sie durch eine Verschiebung der Funktion herbeigeführt werden. So kann zum Beispiel die Funktion $f(x) = \sin(x)$ in Normallage vom *SOLVR*-Menu aus nicht auf Extremwerte untersucht werden. Hier liefert jeder Suchlauf immer eine Nullstelle, mit welchem Startwert Sie auch immer beginnen. Dagegen finden Sie die Minima der Funktion $g(x) = \sin(x) + 2$ und die Maxima der Funktion $h(x) = \sin(x) - 2$, die mit den Extremstellen der Ausgangsfunktion übereinstimmen.

Beispiel (1.3.4)

Ermitteln Sie die Stelle, wo

$$f(x) = \frac{x}{3x^2+2}$$

ein Maximum hat.

Eingabe:

`'X/(3*X^2+2) -1`

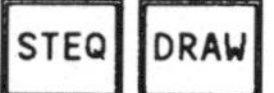

Erläuterung:

Ermitteln Sie einen Punkt auf dem Graph der transformierten Funktion in der Nähe des Maximums und digitalisieren mit INS. Er sollte etwa bei P(1,-0.8) liegen.

Eingabe:	Erläuterung:

ON	SOLV
SOLVR	X
SHIFT	X

Als Ergebnis sollte für
X: 0.816496943024 erscheinen
mit der Meldung Extremum. Die
exakte Lösung ist
X = 0.816496580928.
Die hier gefundene Lösung wird
im nächsten Beispiel verwendet,
so daß Sie nach Möglichkeit
nicht löschen sollten.

Für eine ganze Reihe von Problemstellungen, die einem systematischen Ansatz etwa über die Ableitungsfunktion nicht zugänglich sind, bietet die Lösungsprozedur ein leistungsfähiges Hilfsmittel zur Extremwertbestimmung. Lokale Extremwerte können auch an Stellen gegeben sein, an denen die Funktion nicht differenzierbar ist, so etwa für abschnittsweise definierte Funktionen. Für Funktionen, deren Werte näherungsweise berechnet werden, sind häufig weder Funktionsterm noch Ableitungsfunktion explizit bekannt. Auf diese Weise können Sie beispielsweise die numerische Lösung einer Differentialgleichung auf Extremwerte untersuchen. Vergleichen Sie dazu das Kapitel Differentialgleichungen sowie Beispiel (1.3.19), wo mit Hilfe der Integrationsprozedur eine solche nur numerisch zugängliche Funktion beschrieben wird. Darüber hinaus verarbeitet auch die Integrationsprozedur näherungsweise berechnete Funktionen, so daß Sie den weiten Bereich analytisch nicht zugänglicher Funktionen mit dem HP 28 ohne besonderen Programmieraufwand erschließen.

1.3.1.1.2 Einsatz der Ableitungsfunktionen

In Fortführung von Beispiel (1.3.4) soll das oben ermittelte Ergebnis mit Hilfe der Ableitungsfunktion auf die Probe gestellt werden. Wollen Sie die erste Ableitung interaktiv bestimmen, dann sorgen Sie dafür, daß der Stack folgendes Aussehen bekommt:

Ebene:	Anzeige:
2:	`'X/(3*X^2+2) -1'`
1:	`'X'`

Das Kommando lautet nun
`SHIFT` `d/dx` .

Da die Variable, nach der abgeleitet wird, noch mit dem Näherungswert aus Beispiel (1.3.4) gespeichert ist, wird der Wert der Ableitung an dieser Stelle ausgegeben. Es sollte -0.00000011087 sein. Man kann auch sagen, der in X gespeicherte Wert wird sofort in die Ableitungsfunktion eingesetzt. Sie stellen fest, daß der Wert der ersten Ableitung recht nahe bei Null liegt. Wenn Sie den Term der Ableitungsfunktion besichtigen wollen, dann wiederholen Sie die Eingaben, nachdem Sie die Variable X mit 'X PURGE gelöscht haben. Nach Aufruf des Funktionsterms, der Variablen X und dem Kommando d/dx sollten Sie den Ableitungsterm zunächst noch mit COLCT zusammenfassen und erhalten dann den Term

`'-(6*(2+3*X^2)^(-2)*X^2) + INV(2+3*X^2)'`.

Die Nullstelle des Ableitungsterms liegt bei X=0.816496580928 und gibt die exakte Lösung wieder.

Beispiel (1.3.5)

Betrachten Sie die Funktion aus Beispiel (1.2.25) . Es seien die lokalen Maxima und Minima von

$$f(x) = x^4 - 10x^3 + 35x^2 - 50x + 24$$

gesucht. Dazu bilden erste und zweite Ableitung die Hilfsmittel. Die Untersuchung wird interaktiv durchgeführt.

Eingabe:

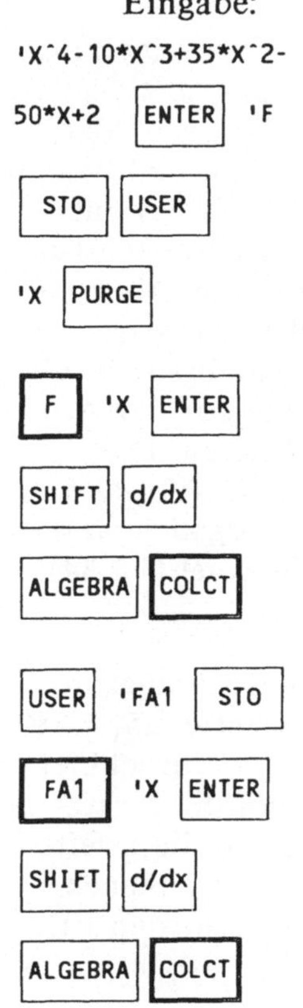

Erläuterung:

Speichern Sie den Funktionsterm. Löschen Sie die Variable X, damit der Funktionsterm der Ableitung erhalten bleibt, sonst wird der Wert von X eingesetzt.

Der Term der Ableitungsfunktion wird in Ebene 1 zurückgegeben:'4*X^3-10*(3*X^2)+35*(2+X)-50' und zusammengefasst.

Sie bilden den Term der zweiten Ableitung und fassen zusammen:
'70+12*X^2-60*X'

Eingabe:

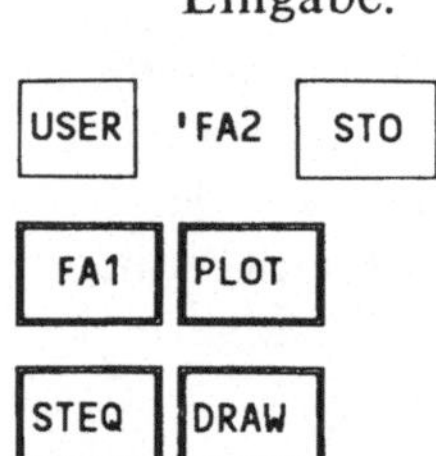

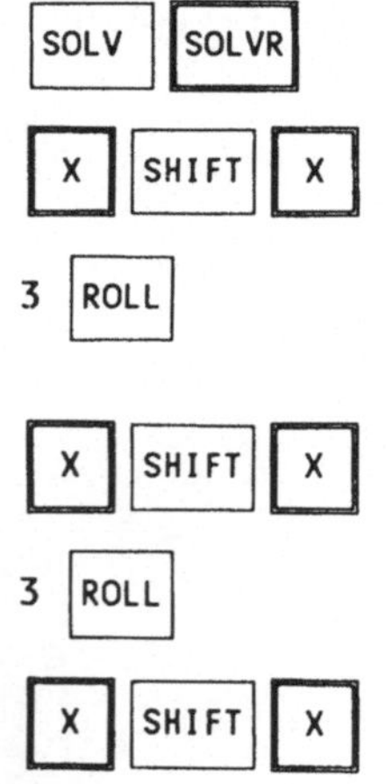

Erläuterung:

Der Term der zweiten Ableitung wird ebenfalls gespeichert. Sie untersuchen nun die erste Ableitung auf Nullstellen und benutzen das Graphikdisplay zur Bestimmung von Startwerten für die Näherungsprozedur. Nach Ablauf des Zeichenvorgangs führen Sie das Fadenkreuz in die Nähe dreier Punkte auf der Abszisse und digitalisieren. Die Punkte seien etwa: (1.4,0), (2.5,0) und (3.6,0). Zur Vorgehensweise vergleichen Sie Beispiel (1.2.34).

Nach Abschluß des Lösungsprozesses sollten die Werte 2.5, 1.382 und 3.618 (gerundet) zurückbleiben. Testen Sie nun die zusätzliche Bedingung, daß die zweite Ableitung für die gewonnenen Werte von Null verschieden ist.

Eingabe:

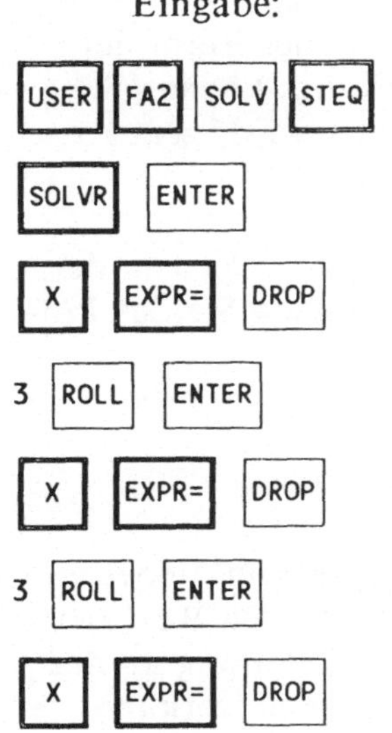

Erläuterung:

Zum Test wird jedes Exemplar durch ENTER dupliziert und nach Aufruf der zweiten Ableitung der entstandene Wert wieder gelöscht. In entsprechender Weise gewinnen Sie die Funktionswerte der Ausgangsfunktion, deren Extrema dann in den Punkten $P_1(1.382,-1)$, $P_2(2.5,0.5625)$ und $P_3(3.618,-1)$ liegen.

Eine systematische Untersuchung kann etwa mit dem Programm VZW (1.2.32) geführt werden, wobei die untersuchte Funktion durch die aktuelle Ableitungsfunktion ersetzt wird.

Bei dieser Funktionsuntersuchung wurden die erste und zweite Ableitung explizit bestimmt. Der Rechner gestattet eine allgemeinere Form des Umgangs mit Ableitungen, die auch später noch von Nutzen sein wird. Wenn Sie in der Variablen 'FA1' statt der Ableitungsfunktion den Ausdruck 'δX(F)' abspeichern, dann darf 'F' eine beliebige differenzierbare Funktion enthalten, und die Anweisung FA1 ->NUM wird jedesmal den Wert der ersten Ableitung des Funktionsterms in 'F' an der Stelle X ergeben. Enthält ferner 'FA2' den Ausdruck 'δX(FA1)', dann erzeugt der Aufruf FA2 ->NUM den Wert der zweiten Ableitung an der Stelle X, auch wenn die erste Ableitung vorher nicht bestimmt wurde. Allerdings muß die Variable X einen Wert besitzen. Hier zeigt sich der Vorzug eines sehr flexiblen Variablenkonzepts. Diese Vorgehensweise eignet sich für die Bestimmung des Wertes der Ableitung an der Stelle X. Die Bestimmung der Ableitungsfunktion ist zwar mit der Anweisung FA1 EVAL möglich, jedoch müssen Sie dann die

Schritte, die im Direktmodus zusammengefasst wurden,
jeweils einzeln ausführen, so daß die Anweisung EVAL in der
Regel mehrfach aufgerufen werden muß, bis der Term der
Ableitungsfunktion im Display steht. Allerdings können Sie
das Prinzip, nach dem die Ableitung gebildet wird, genau
verfolgen.

Zusammenfassung: Die Variablen 'FA1', 'FA2' seien in der
oben angegebenen Weise deklariert. Dann können Sie das Programm

ABL

```
« 'X'  STO  F  ->NUM  FA1  ->NUM  FA2  ->NUM »
```

dazu verwenden, für zweimal differenzierbare Funktionen in
'F' und beliebige Stellen X den Funktionswert, den Wert der
ersten Ableitung und den Wert der zweiten Ableitung an der
Stelle X auszugeben. Die Laufzeit des Programms verkürzt
sich je nach Art des Funktionsterms deutlich, wenn Sie in
FA1 und FA2 die jeweiligen Ableitungsterme speichern. Der
Speicherplatzbedarf des Programms richtet sich nach der
Komplexität des Funktionsterms F. Es sollten wenigstens
1Kbyte frei sein, um auch komplexe Funktionen bearbeiten zu
können. Geben Sie den Programmtext ein und speichern unter
dem Namen ABL.

Beispiel (1.3.6)

$$f(x) = x^4 - 10x^3 + 35x^2 - 50x + 24$$

F : `'X^4 - 10*X^3 + 35*X^2 - 50*X + 24'`

Eingabe :

2.5 `ABL`

Ebene:	Anzeige:	
3:	0.5625	der Funktionswert
2:	0	die erste Ableitung
1:	-5	die zweite Ableitung

Ableitungsfunktionen können in verschiedenen Zusammenhängen verwendet werden. Dieses Beispiel zeigt die Berechnung von Steigungswinkeln.

Beispiel (1.3.7)

Unter welchem Winkel schneiden sich $f(x) = e^x$
und $g(x) = x^2$?

Eingabe:

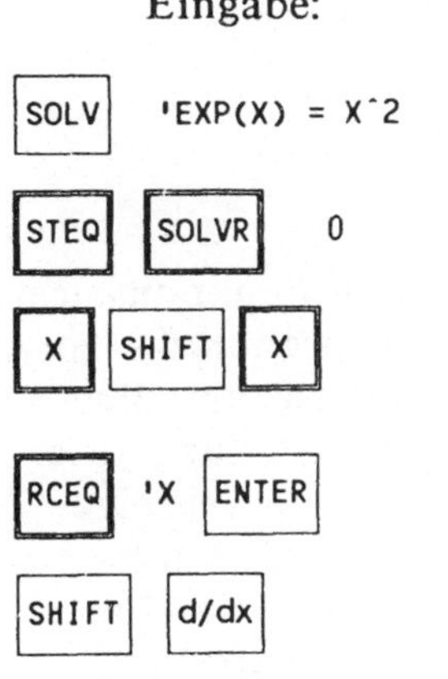

Erläuterung:
Der Näherungsprozess läuft an
und gibt den Wert
-0.703467422499 als Lösung aus.

X enthält noch den Näherungswert für die Abszisse des
Schnittpunktes. Der Aufruf der
Ableitungsprozedur bildet auf
beiden Seiten die Ableitung. Das
Ergebnis ist der Wert der Ableitung beider Seiten in dem gefundenen Schnittpunkt:
'0.494866414516 = -1.406934845'
Entfernen Sie mit der Funktion
EDIT die Anführungszeichen und
das Gleichheitszeichen, dann
bleiben die beiden Zahlen in
Ebene 1 und 2 auf dem Stack
zurück.

<table>
<tr><td>

Eingabe:

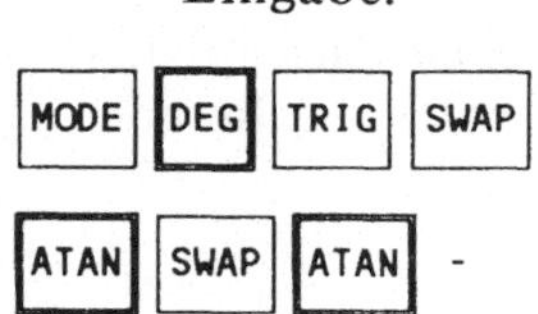

</td><td>

Erläuterung:

Sie schalten im *MODE*-Menu von Bogenmaß auf Gradmaß und bestimmen aus dem Steigungsfaktor den Steigungswinkel. Die Differenz der Steigungswinkel ergibt 80.925 Grad.

</td></tr>
</table>

Beispiel (1.3.8)

Bilden Sie die partiellen Ableitungen der Funktion
$f(x,y) = \sin(x) - \cos(y) + xy$.

<table>
<tr><td>

Eingabe:

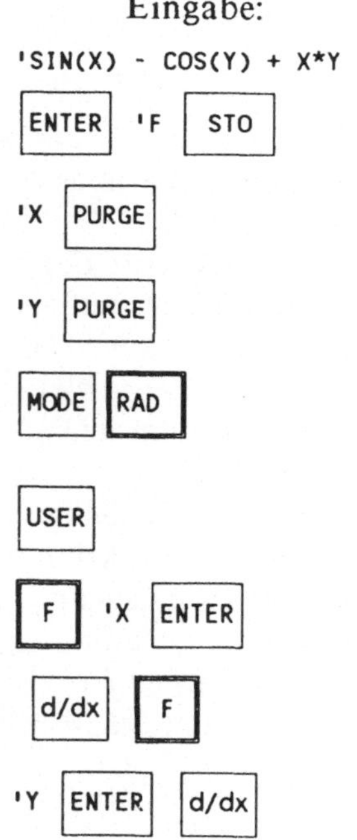

</td><td>

Erläuterung:

Sie speichern den Funktionsterm und löschen vorsorglich die vorhandenen Variablen, um allgemeine Ergebnisdarstellung zu erhalten. Sollten Sie als Anzeigemodus Gradmaß eingestellt haben, dann werden die Umrechnungsfaktoren von Bogenmaß auf Gradmaß mit ausgegeben.

In Ebene 2 steht die partielle Ableitung nach x : COS(X) + Y. Ebene 1 enthält SIN(Y) + X.

</td></tr>
</table>

Beispiel (1.3.9)

Bestimmen Sie den Wert der Jacobischen Funktionaldeterminante für die Funktion $H(x,y)^T = [f(x,y) , g(x,y)]$ mit
$f(x,y) = x^2 + 2xy + y^2$ und $g(x,y) = x^2y^2 -2xy$
an der Stelle $x = 2$, $y = 3$.

Hierzu benötigt man die vier partiellen Ableitungen f_x, f_y, g_x
und g_y. Die Ableitung f_x gewinnen Sie mit dem Ausdruck
'δX(F)', wenn in der Variablen F der Term 'X^2 + 2*X*Y + Y^2'
gespeichert ist. Daraus ergibt sich die weitere Anweisungsfolge.

<table>
<tr><td>Eingabe:</td><td>Erläuterung:</td></tr>
</table>

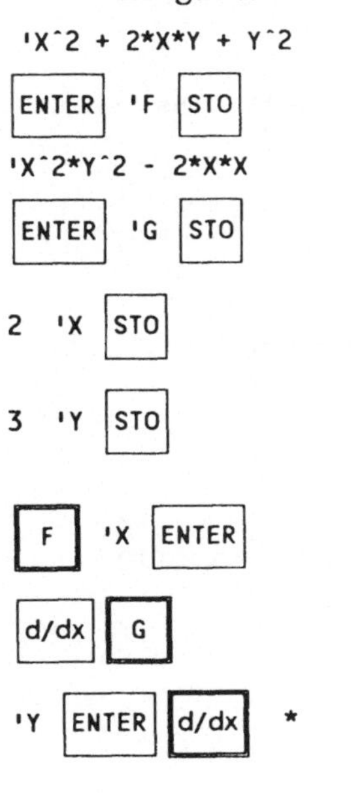

Speichern Sie zunächst die benötigten Terme sowie Konstanten.

Sie bilden die Werte der
partiellen Ableitungen
$f_x(2,3) = 10$ sowie $g_y(2,3) = 30$
und multiplizieren die
Ergebnisse.

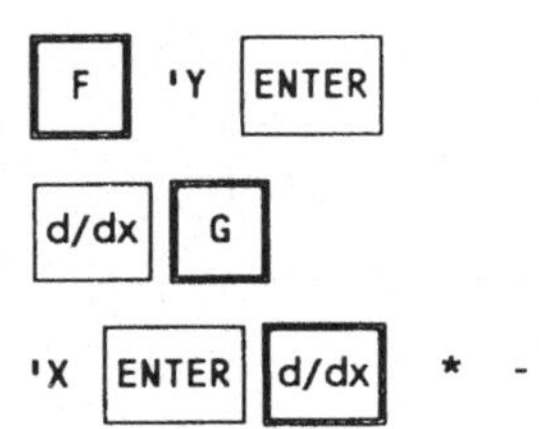

Es gilt $f_y(2,3) = 10$, $g_x(2,3) = 20$.
Als Ergebnis der Determinante
erhalten Sie:
$$f_x{}^*g_y - f_y{}^*g_x = 100$$

Wollen Sie die Anweisungsfolge häufiger benutzen, dann erfassen Sie den Ablauf in einem Programm. Das Programm
setzt in F und G die entsprechenden Funktionsterme, sowie in
X und Y die Argumente der beiden Funktionen voraus.

Programm (1.3.10) Jacobische Funktionaldeterminante

JFD:

```
« 'δX(F)'  ->NUM  'δY(G)'  ->NUM  *  'δY(F)'  ->NUM  'δX(G)'
      ->NUM  *  -  ».
```

Ein Programmdurchlauf:

Eingabe:	Erläuterung:

Die Argumente der Funktionen
werden gespeichert.

2 'X STO

3 'Y STO

JFD

Die Ausgabe des Programms
sollte 100 sein.

Beispiel (1.3.11)

Während die Funktionaldeterminante in Beispiel (1.3.6) noch
bequem interaktiv berechnet werden konnte, bringt die Jaco-

bideterminante der folgenden Funktion bereits deutlich
größeren Aufwand mit sich.

Es sei $K(x,y,z)^T = [f(x,y,z) , g(x,y,z) , h(x,y,z)]$ mit
$f(x,y,z) = x^2 + y + z$, $g(x,y,z) = x - y^2 + z$ und
$h(x,y,z) = x + 2y - z^2$. Ferner seien die partiellen Ableitungen
mit f_x, f_y, .., h_z bezeichnet. Dann ist für die Funktion K die
Jacobideterminante so definiert:

$$\begin{vmatrix} f_x & f_y & f_z \\ g_x & g_y & g_z \\ h_x & h_y & h_z \end{vmatrix}$$

Bild (1.3.12)   Jacobideterminante

Dann können Sie mit dem Programm JFD3 für die Funktion
K die Funktionaldeterminante bestimmen.

Programm (1.3.13)   JFD3:

```
« 'δX(F)'   ->NUM  'δY(F)'   ->NUM  'δZ(F)'   ->NUM
  'δX(G)'   ->NUM  'δY(G)'   ->NUM  'δZ(G)'   ->NUM
  'δX(H)'   ->NUM' δY(H)'   ->NUM  'δZ(H)'   ->NUM
  {3 3} ->ARRY  DET »
```

Anweisung:	Erläuterung:
`'δX(F)'   ->NUM ...`	Sie bestimmen in der festgelegten Reihenfolge die partiellen Ableitungen und werten diese jeweils durch den Befehl ->NUM sofort aus.

Anweisung:	Erläuterung:
`{3 3} ->ARRY`	Sie erzeugen eine 3*3-Matrix, wobei die Werte der partiellen Ableitungen in der in Bild (1.3.9) geforderten Reihenfolge angeordnet werden.
`DET`	Mit DET berechnen Sie die Determinante der Matrix in Ebene 1. Wenn Sie das Programm testen wollen, empfiehlt es sich, zunächst einen Durchlauf ohne DET zu machen und die Matrix nachzuvollziehen.

Geben Sie das Programm ein und speichern unter dem Namen 'JFD3'.

Ein Programmdurchlauf:

Eingabe:	Erläuterung:
`'X^2 + Y + Z` ENTER	Die Parameter des Programms müssen gespeichert werden. Beachten Sie, daß das Programm beliebige differenzierbare Funktionen in F, G und H verarbeitet.
`'F` STO	
`'X - Y^2 + Z` ENTER	
`'G` STO	
`'X + 2*Y - Z^2` ENTER	
`'H` STO 3 `'Y` STO	
4 `'Z` STO	
JFD3	Die Ausgabe sollte 201 sein.

Der Wert der Determinante wird durch ein Näherungsverfahren bestimmt. Daher werden Determinanten, die den Wert Null haben, möglicherweise von Null verschieden, aber mit einer sehr kleinen Zahl ausgewiesen. Beispiele hierzu finden Sie zu Beginn des Kapitels über Eigenwerte. Wenn Sie den Ansatz benutzen wollen, um die Funktionaldeterminante auf den Wert Null zu testen, dann richten Sie Ihr Verfahren danach aus. Beachten Sie weiter, daß die Funktionsterme selbst weder in einer Matrix noch in einer Determinante auftreten dürfen. Allerdings dürfen Funktionsterme und Variablen in einer Liste zusammengefasst werden.

1.3.2 Die Integrationsprozedur

Die Prozedur liefert die Ergebnisse in symbolischer Form oder als numerischen Wert. Zu jeder Funktion können Sie mit der Integrationsprozedur ein Polynom erzeugen, das sich als das unbestimmte Integral der Funktion interpretieren läßt. Ist die Ausgangsfunktion ein Polynom, dann erzeugt die Integrationsprozedur die Stammfunktion. Für andere Funktionen stellt das Polynom eine Approximation der Stammfunktion durch eine MacLaurinreihe dar.

Zu der reellwertigen Funktion $f(x)$ sei auf dem Intervall $[a , b]$ das bestimmte Riemannsche Integral $I(a,b)$ erklärt.

$$I(a,b) = \int_a^b f(x)\ dx$$

Dann können Sie mit der Integrationsprozedur einen numerischen Näherungswert für das bestimmte Integral $I(a,b)$ berechnen. Für $f(x)$ darf jede syntaktisch korrekt gebildete Kombination eingebauter Funktionen eingesetzt werden. Sind $g(x)$ und $h(x)$ eingebaute Funktionen oder korrekt zusammengesetzte Funktionen, dann sind $h(x) + g(x)$, $h(x) - g(x)$, $h(x) * g(x)$, $h(x) / g(x)$, $h(g(x))$ sowie 'δX(F)' und 'δX(G)' und die Kombinationen daraus korrekt zusammengesetzte Funktionen. Anstelle eines Funktionsterms $f(x)$ in gewohnter Notation kann die Integrationsprozedur auch Programme verarbeiten, die entweder über eine freie Variable verfügen oder einen Wert vom Stack nehmen und eine reelle Zahl auf dem Stack hinterlassen. Die Integrationsprozedur erweist sich als sehr robust in dem Sinn, daß auch der Zufallszahlengenerator als Funktion akzeptiert wird.

Die Integrationsprozedur erkennt aus Ihren Eingaben, ob eine symbolische oder eine numerische Lösung der Integrationsaufgabe ausgegeben werden soll.

1.3.2.1 Das unbestimmte Integral

Beispiel (1.3.14)

Bilden Sie die Stammfunktion zu $f(x) = x^4 - 3x^3 - 7x + 5$.

So muß der Stack aussehen:

Ebene:	Anzeige:
3:	'X^4 - 3*X^3 - 7*X + 5
2:	'X'
1:	4

Starten Sie die Integrationsprozedur mit dem Kommando SHIFT $\int$.

Das Ergebnis erhalten Sie in Ebene 1 zurück. Es lautet:

'5*X - 3.5*X^2 - 0.75*X^4 + 0.2*X^5'.

Der Parameter X in Ebene 2 gibt an, nach welcher Variablen das unbestimmte Integral gebildet werden soll. Der Parameter in Ebene 1 gibt den Grad der Ausgangsfunktion an. Kann die nicht bestimmt werden, dann gibt er den Grad

Stammfunkreihe an, die die Stammfunktion approximiert.
der Mac

(1.3.15)

n Sie die Stammfunktion der parametrisierten Funktion
) = $3ax^4 - 2a^2x^2 + 3a$.

Ebene:	Anzeige:
3:	'3*A*X^4 - 2*A^2*X^2 + 3*A'
2:	'X'
1:	4

Rufen Sie die Integrationsprozedur auf.

Ergebnis: '3*A*X - 2*A^2*2/2/3*X^3 +3*A*24/24/5*X^5'.

Fassen Sie zusammen, indem Sie vom ALGEBRA-Menu aus
das Kommando COLCT geben.

Ergebnis: '-(0.667*A^2*X^3) + 0.6*A*X^5 +3*A*X' (gerundet)

Die Möglichkeit, ein Polynom zur Approximation der
Stammfunktion zu bilden, ist durch den Speicher begrenzt. In
der Regel interessieren in diesem Zusammenhang Funktionen,
deren Stammfunktion nicht auf elementare Weise gebildet
werden kann. Insbesondere lohnt der Weg über die Approximation der Stammfunktion nicht, wenn Sie ein bestimmtes
Integral errechnen wollen, da vor allem Genauigkeitsanfor-
derungen auf numerischem Weg besser erfüllt werden.

Beispiel (1.3.16)

Bestimmen Sie ein Polynom, das das unbestimmte Integral für
$f(x) = e^{-x*x}$ gut annähert.

Ebene:	Anzeige:
3:	`'EXP(-X*X)'`
2:	`'X'`
1:	4

Rufen Sie die Integrationsprozedur auf.
Ergebnis: `'X - 0.333*X^3 + 0.1*X^5'`.

Der Versuch, ein Polynom mit dem Grade 7 zu bestimmen,
scheitert aus Speichergründen für den HP 28C und nimmt
beim HP 28S erhebliche Rechenzeit in Anspruch. Beachten Sie
den Zusammenhang mit der Approximation durch die
MacLaurinreihe (vgl Kapitel 'Approximation').

1.3.2.2 Das bestimmte Integral

Beispiel (1.3.17)

Berechnen Sie $\displaystyle\int_{1}^{4} x^3 + x - 2 \; dx$.

Der Term $x^3 + x - 2$ besitzt im Integrationsintervall außer bei
$x = 1$ keine weitere Nullstelle.

Ebene:	Anzeige:	
3:	`'X^3 + X - 2'`	der Funktionsterm
2:	`{ X 1 4 }`	die Integrationsgrenzen
1:	`0.00001`	die Genauigkeit

Rufen Sie die Integrationsroutine auf.
Wert des Integrals: 65.25, Fehler: 0.00065 (gerundet).

Beispiel (1.3.18)

Berechnen Sie $\displaystyle\int_{1}^{2} \sin(x^2)\, dx$.

Eine Nullstelle der Funktion $\sin(x^2)$ zerlegt das Integrationsintervall in zwei Teilintervalle, deren Integration separat
durchgeführt wird. Bestimmen Sie zunächst die Nullstelle der
Funktion mit der Lösungsprozedur aus dem SOLVR-Menu.

Eingabe:	Erläuterung:

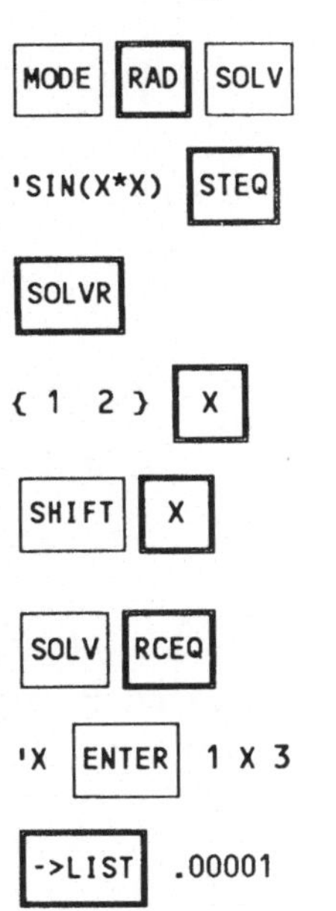

Stellen Sie Bogenmaß ein und
speichern den Funktionsterm in
EQ. Vom *SOLVR*-Menu aus
übernehmen Sie das Integrationsintervall in die Variable X und
starten den Lösungsprozess. Das
Ergebnis sollte gerundet 1.772
sein. Sie erhalten die Meldung
`Sign Reversal`.

Sie müssen nun in Ebene 3 den
Funktionsterm, in Ebene 2 eine
Liste mit der freien Variablen X
sowie den Integrationsgrenzen
und in Ebene 1 die gewünschte
Genauigkeit bereitstellen. Das
Kommando `->LIST` können Sie
vom *LIST*-Menu aus aktivieren.
Beachten Sie, daß mit 'X hier
das Zeichen 'X', und X den Wert
der Variablen X hervorbringt.
Beachten Sie ferner den Unterschied zur Wirkung der Menutaste für X im *SOLVR*-Menu.

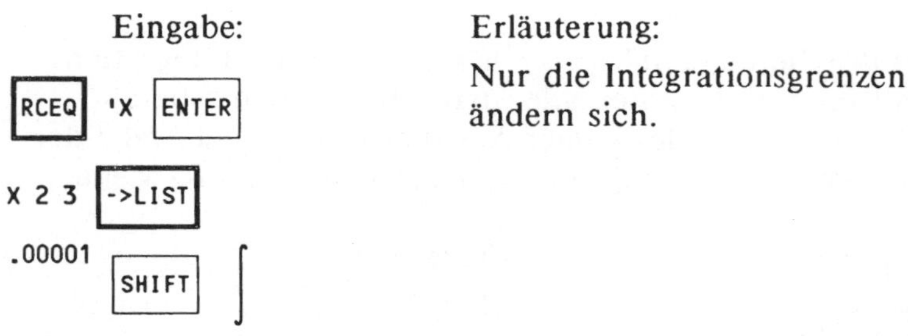

Gerundetes Ergebnis: 0.585 als Wert des Integrals und
5.848E-6 als Fehlermaß. Führen Sie nun die Integration auf
dem zweiten Intervall weiter.

Eingabe:

Erläuterung:
Nur die Integrationsgrenzen
ändern sich.

Rufen Sie die Integrationsprozedur wieder auf. Ergebnis:

Wert des Integrals: -0.09,
Fehler: 9.006E-7.

Damit stehen beide Ergebnisse zur Verfügung.

Beispiel (1.3.19)

Bei einigen Aufgabenstellungen lautet die Frage nicht nach
dem Wert des Integrals bei gegebenen Integrationsgrenzen,
sondern nach den Integrationsgrenzen selbst.

Bestimmen Sie x so, daß $\int_{0}^{x} \exp(-t^2) + 1 \, dt = 2$.

Sie können in diesem Beispiel erneut die besondere Flexibilität
des Gleichungslösers erkennen. Die Lösungsidee besteht darin,
die Integralfunktion zu konstruieren, die als Funktionswerte

die Werte des Integrals besitzt, und diese Funktion mit dem
Gleichungslöser zu untersuchen. Ein Programm ermittelt die
Funktionswerte, indem es die Integrationsprozedur mit den
benötigten Parametern versorgt. Die Werte dieser Funktion
können sowohl von der Graphikroutine als auch vom Gleichungslöser verarbeitet werden. Das Programm, das die Werte
des Integrals berechnet, heißt INT und hat folgenden Wortlaut:

« 'EXP(-T*T) + 1' 'T' 0 X 3 ->LIST 0.001 ∫ DROP »

Der Zweck des Programms besteht nur darin, den Funktionsterm, die Liste mit der freien Variablen und den Integrationsgrenzen sowie die Fehlergrenze auf den Stack zu legen und
nach Aufruf der Integrationsprozedur die Fehlerangabe vom
Stack zu nehmen, so daß nur der Funktionswert auf dem
Stack zurückbleibt. Speichern Sie nun den Ausdruck 'INT = 2'
in der Variablen EQ.

Graph der Integralfunktion:

Wenn Sie den Graph der Integralfunktion betrachten wollen,
dann ändern Sie die Liste der Plotparameter auf diese Werte
ab: ⟨ (0,0) (4,5) X 1 (0,0) ⟩. Waren vorher die Standardparame-
ter eingestellt, dann erhalten Sie das gewünschte Format mit
der Kommandofolge: (0,0) PMIN (4,5) PMAX. Die Plotroutine
führt die Variable x durch das gewählte Intervall [0 , 4] und
speist sie mit den passenden Werten. Nach dem Start der
Plotroutine durch DRAW erhalten Sie für die linke und die
rechte Seite der Gleichung je einen Graph. Digitalisieren Sie
zwei Punkte, die den Schnittpunkt der Graphen einschließen.
Daraus ergibt sich als Startintervall etwa [1 , 1.3].

Lösung:

Blättern Sie nun das SOLVR-Menu auf. Übernehmen Sie das
Startintervall {1 1.3} in die Variable X und starten die
Lösungsprozedur mit SHIFT X. Als Ergebnis sollten Sie den Wert
1.1946 (gerundet) für X erhalten. Die Probe können Sie sofort
mit LEFT= anfordern und erhalten erwartungsgemäß den Wert 2
für das Integral.

Beispiel (1.3.20)

Sollte die in Beispiel (1.3.1) vorgestellte Wurzelfunktion noch im USER-Menu verfügbar sein, dann berechnen Sie das Integral für die Wurzelfunktion auf dem Intervall [1 , 2]. Bei der Konstruktion von Näherungsfunktionen sollte beachtet werden, daß beim korrekten Aufruf der Integrationsprozedur die unabhängige Variable (hier X) festgelegt werden muß, und daß daher die Näherungsfunktion über eine solche Variable verfügen sollte.

Ebene:	Anzeige:
3:	`'WURZEL'`
2:	`{ X 1 2 }`
1:	`0.001`

Rufen Sie die Integrationsprozedur auf.
Ergebnis: 1.219 (gerundet). Das exakte Ergebnis unterscheidet sich um weniger als 0.01 von dem gefundenen Wert.

Beispiel (1.3.21) Volumen eines Rotationskörpers

Der Graph der Funktion f(x) auf dem Intervall [a , b] erzeugt bei Rotation um die x-Achse einen Rotationskörper, dessen Volumen V durch das Integral

$$V = \pi \int_a^b (f(x))^2 \, dx \quad \text{gegeben ist.}$$

Der Funktionsterm sei in der Variablen F gespeichert. Dann bestimmt das Programm ROTV das Rotationsvolumen.

ROTV:

`« -> A B « 'F^2' 'X' A B 3 ->LIST 0.001 ∫ DROP π * ->NUM »»`

Die Variable F darf beliebige Funktionsterme enthalten, soweit für das Quadrat der Funktion in F das Integral

existiert. Auch näherungsweise berechnete Funktionen, wie
die Funktion WURZEL, sind erlaubt.

Es sei $f(x) = \sin(x)$, $a = 1$ und $b = 2$.

Eingabe :
```
'SIN(X [ENTER] 'F [ STO ] 1 2 [ROTV]
```

Ausgabe :   4.9348 für das Volumen.

Prüfen Sie die gewonnene Funktion an der Berechnung des
Kugelvolumens mit F^2 = 1 - X^2 und den Integrationsgrenzen -1 und 1. Das Ergebnis sollte $4.1888 = 4/3*\pi$ sein.

Beispiel (1.3.22) Mantelfläche eines Rotationskörpers

Der Graph der Funktion $f(x)$ auf dem Intervall [a , b]
überstreicht bei Rotation um die x-Achse eine Fläche mit dem
Maß

$$M = 2\pi \int_a^b |f(x)| \sqrt{1 + f'^2(x)} \; dx$$

Der Funktionsterm sei wieder $f(x) = \sin(x)$. Dann berechnet
das Programm MANTEL die gesuchte Fläche.

MANTEL:
```
« -> A B « 'FM'  'X' A B 3 ->LIST  0.001  ∫ DROP π * 2 *
   ->NUM » »
```

FM: 'SIN(X)*√(1 + (COS(X))^2)'

Es sei A = 0 und B = 2.
Speichern Sie das Programm MANTEL und den Term FM.
```
Eingabe: 0  2 [MANTEL]
```

Ausgabe: 9.9001 für die Oberfläche (gerundet).

Der Ausdruck

```
'ABS(F)*√(1 + δX(F)^2)'
```

ist die direkte Übersetzung der Formel des Oberflächenintegrals und kann nach Speichern der Funktion f(x) in F durch Aufruf der Funktion EVAL in den benötigten Term verwandelt werden. Achten Sie darauf, daß wegen der nun durchgeführten Ableitung die Variable X nicht im USER-Menu erscheinen darf. Sie können diese Formel auch unmittelbar im Programm MANTEL einsetzen. Allerdings folgt daraus bereits für einfache Funktionen eine lange Rechenzeit, da offenbar für die Auswertung des Ausdrucks die erforderlichen Substitutionen einschließlich Bestimmung der Ableitung bei jeder Berechnung des Funktionswertes erneut vorgenommen werden. Daher sollte FM in einer Form vorliegen, in der alle nötigen Substitutionen und Ableitungen schon durchgeführt sind.

Beispiel: Kugeloberfläche

Speichern Sie `'√(1 - X^2)'` in F und geben `'ABS(F)*√(1 + δX(F)^2)'` in die Eingabezeile. Löschen Sie die Variable X, um die symbolische Ableitung zu erhalten. Werten Sie den Ausdruck durch wiederholten Aufruf der Funktion EVAL aus bis das Ableitungssymbol nicht mehr im Ausdruck erscheint. Der Ausdruck sollte nun die Form

```
'ABS(√(1 - X^2)) * √(1 + (-(2*X/(2*√(1-X^2))))^2)'
```

haben. Speichern Sie den Ausdruck in der Variablen FM.
```
EINGABE: -1  1  MANTEL
```

Ausgabe:　　　　　　12.5664 für die Oberfläche einer Kugel mit Radius 1.

Erweiterung:
Die Berechnung der Bogenlänge eines Kurvenstücks, sowie die Bestimmung von Schwerpunkten, Trägheitsmomenten und statischen Momenten können Sie durch geringfügige Änderungen

oder Ergänzungen des Programms MANTEL in entsprechender Weise durchführen.

Beispiel (1.3.23) Mehrfachintegrale

Die Berechnung von Mehrfachintegralen läßt sich an der Berechnung von Doppelintegralen zeigen. Doppelintegrale werden von Funktionen zweier Variablen gebildet: $z = f(x,y)$. Die Existenz des Riemannintegrals der Funktion $f(x,y)$ in dem zu integrierenden Teil des Definitionsbereichs sei vorausgesetzt. Dann läßt sich das Doppelintegral geometrisch als Volumen interpretieren. Die Integration wird nach beiden Variablen getrennt durchgeführt. Die Aufgaben sind so gewählt, daß die Ergebnisse leicht nachkontrolliert werden können.

Berechnen Sie

$$I = \int_0^3 \left(\int_0^4 x*y \; dy \right) dx \; .$$

Das Programm INTY berechnet das innere Integral.

INTY:

```
« 'X*Y' 'Y' 0 4 3 ->LIST 0.01 ∫ DROP »
```

Das Programm INTY bestimmt das Integral der Funktion $f(x,y) = x*y$ für ein beliebiges aber festes x. INTY stellt also eine (näherungsweise berechnete) Funktion der Variable x dar. Das Programm INTX initialisiert die Variable x und berechnet für jeden Wert von INTY das äußere Integral.

INTX:

```
« 'INTY' 'X' 0 3 3 ->LIST 0.01 ∫DROP »
```

Rufen Sie INTX auf. Das Ergebnis 36 läßt sich leicht verifizieren.

Häufig ist das Gebiet, über dem das Integral gebildet wird,
kein Rechteck, sondern durch den Graph einer Funktion
beschrieben. Das oben durchgeführte Verfahren läßt sich auf
solche Fälle übertragen.

Berechnen Sie das Volumen der Kugel $x^2 + y^2 + z^2 = 1$ mittels
Doppelintegral. Es genügt die Berechnung des Kugelachtels im
ersten Oktanten. Dessen Volumen V ist:

$$V = \int_0^1 \int_0^{g(y)} \sqrt{1 - x^2 - y^2}\, dx\ dy \qquad \text{wobei:}$$

$$g(y) = \sqrt{1 - y^2}\,.$$

Der Ausdruck für das Volumenintegral kann unmittelbar in
die Parameter der Integrationsprozedur überführt werden. Das
innere Integral KX besitzt als obere Integrationsgrenze einen
Funktionsterm, der in den Parametersatz übernommen werden
darf. KY bestimmt den Wert des gesuchten Doppelintegrals.

KX:

```
« '√(1 - X^2 - Y^2)' 'X' 0 '√(1 - Y^2)' ->NUM  3 ->LIST  0.001  ∫
  DROP »
```

KY:

```
        « 'KX'  'Y'  0  1  3  ->LIST  0.001  ∫ DROP  »
```

Anweisung:	Erläuterung:
`'√(1 - X^2 - Y^2)'`	Der erste Parameter der Integrationsprozedur ist der Funktionsterm.

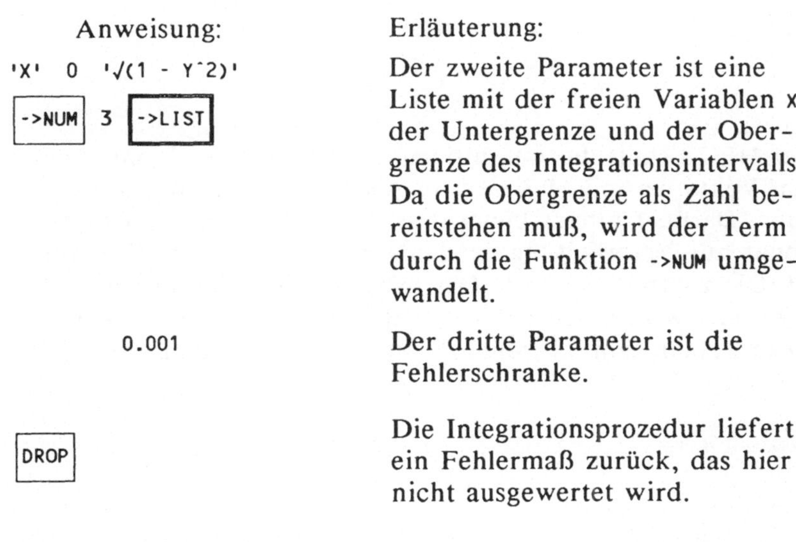

Anweisung:	Erläuterung:

Der zweite Parameter ist eine Liste mit der freien Variablen x, der Untergrenze und der Obergrenze des Integrationsintervalls. Da die Obergrenze als Zahl bereitstehen muß, wird der Term durch die Funktion ->NUM umgewandelt.

Der dritte Parameter ist die Fehlerschranke.

Die Integrationsprozedur liefert ein Fehlermaß zurück, das hier nicht ausgewertet wird.

Rufen Sie KY auf. Das Ergebnis sollte gerundet 0.5236 sein und ist damit in den ersten drei Dezimalen exakt. Höhere Genauigkeit durch strengere Fehlerschranken erkaufen Sie mit längerer Rechenzeit.

Verallgemeinerung:

Sollten die Grenzen des inneren Integrals beide durch eine Funktion bestimmt sein, so läßt sich leicht das oben gezeigte Verfahren übertragen. Die Berechnung von Dreifachintegralen ergänzt die Berechnung von Doppelintegralen um einen weiteren Integrationsschritt, der durch ein weiteres Programm ausgeführt wird. Dieses Programm muß das Doppelintegral als Funktion übernehmen.

1.4 Matrizenrechnung

Der HP 28 stellt die wesentlichen Werkzeuge zur Manipulation von Vektoren und Matrizen im ARRAY-Menu zur Verfügung. Darüber hinaus bietet das STAT-Menu mit den Funktionen zur Verarbeitung der Statistikmatrix weitere Hilfsmittel. Die zugrundeliegende Datenstruktur heißt zuweilen auch *Feld* oder *Array*. Die Feldelemente dürfen reelle oder komplexe Zahlen sein. Gleichungssysteme bauen zumeist auf quadratischen Matrizen auf.

Zum Speicherbedarf:

Im Einschaltzustand und ohne umfangreiche Speichervariable sollte für die Lösung von Gleichungssystemen genügend Raum sein, deren Matrix beim HP 28C bis zu acht Zeilen/Spalten umfaßt. Bei inaktiven Funktionen COMMAND, UNDO und LAST und sonst gleichen Bedingungen sollte die Matrix bis 12 Zeilen/Spalten umfassen können. Die genannten Editierfunktionen schalten Sie im *MODE*-Menu um. Für die Verknüpfung zweier Matrizen müssen die Zeilen- und Spaltenzahlen entsprechend geringer kalkuliert werden. Der HP 28S bietet für Matrixoperationen erheblich mehr Raum. Hier erscheinen Größenangaben für Matrizen und Gleichungssysteme nicht von praktischem Interesse.

Zur Editierung von Matrizen:

Matrizen zwingen zu besonderer Sorgfalt bei der Eingabe der Werte, da Eingabefehler später nicht auf einen Blick erfaßt werden können. Für eine nachträgliche Inspektion mit EDIT oder VIEW muß die Position der jeweiligen Matrixelemente mitgezählt werden. Hier bietet der Drucker durch Angabe der Zeilen- und Spaltenposition des jeweiligen Elements eine Hilfestellung. Für die Anzeige von Matrizen sollte die Anzahl der Nachkommastellen gering gehalten werden. Ändern Sie die

Stellenzahl im MODE-Menu mit den Funktionen FIX (für eine
feste Stellenzahl) und STD (für Angabe aller relevanten Stellen).

1.4.1 Die Lösungsprozedur für Gleichungssysteme

Es sei A eine n*n-Matrix, deren Determinante nicht verschwindet, und B ein Vektor mit n Komponenten. Dann berechnen Sie mit der Anweisungsfolge
'B / A [EVAL] die Lösung X des entsprechenden

Gleichungssystems. Es gilt also :
A*X = B. Die intuitivere Formulierung 'INV(A)*B EVAL ist
gleichermaßen zulässig, kann aber in kritischen Fällen einen
einen stärkeren Rundungsfehler nach sich ziehen. Ferner lassen sich beide Ausdrücke auch über den Stack berechnen.

Zur Bewertung der Ergebnisse der Lösungsprozedur:

Die Lösungsanweisung führt auch für *nicht lösbare* Systeme
sowie für Systeme, die *nicht eindeutig lösbar* sind, zur Angabe
eines Ergebnisses. Die Bedeutung des Ergebnisses kann nur
durch eine Probe eingeschätzt werden, wenn nicht vorher
Existenz und Eindeutigkeit der Lösung geprüft wurde. In der
Praxis wird diese Prüfung nicht immer möglich sein. Eine
Probe kann direkt durch Multiplikation des Ergebnisvektors X
mit der Matrix A und nachfolgendem Vergleich des Produkts
mit dem Vektor B stattfinden. Die Funktion RSD liefert zu einer Lösung des Gleichungssystems A*X = B den Residuumvektor B - A*X und damit gleichfalls eine Angabe zur Güte
der berechneten Lösung. Der Residuumvektor bietet den
Vorteil, daß er zur Verbesserung der Lösungsgenauigkeit
genutzt werden kann.

Im Referenzhandbuch des HP 28C ist auf Seite 112 ein Programm zur Verbesserung der Genauigkeit angegeben. Dieses
Programm sieht nur einen Schritt zur Nachiteration vor. Die
im Handbuch gelieferte Begründung wird von den meisten
Beispielen bestätigt. Gleichwohl kann es in Einzelfällen von
Interesse sein, weitere Iterationsschritte durchzuführen. Dafür
liefert das folgende Programm eine Handhabe. Zugleich liefert
das Programm Hinweise über die Güte der Näherung

Programm (1.4.1) IT:

```
« B  A  X  RSD  A /  X  +  'X'  STO  B  A  X  RSD  ABS »
```

Anweisungen:	Erläuterung:
B A X	Das Programm setzt in der Variablen A die Matrix, in B die rechte Seite und in X eine bereits bestimmte Lösung des Gleichungssystems voraus. In X soll die verbesserte Lösung auch wieder gespeichert werden.
RSD A / X + 'X' STO	Mit Hilfe des Residuums wird eine neue Näherung bestimmt und in 'X' abgespeichert,..
B A X RSD ABS	.. und die Güte der Näherung bewertet. Darauf lässt sich eine Entscheidung stützen, ob der Näherungsprozess weitergeführt werden soll. Sie können freilich an dieser Stelle mit dem gewonnenen Residuum sofort einen weiteren Schritt probeweise durchrechnen lassen um festzustellen, ob ein weiterer Aufruf von IT lohnend wäre.

Beispiel:

Gegeben sei das Gleichungssystem:

$$x_1 + x_2 = -51$$
$$10003\, x_1 + 10003.00007\, x_2 = 3917$$

Speichern Sie die linke und rechte Seite mit

[[1 1[10003 10003.00007 ENTER 'A STO .

[51 CHS 3917 ENTER 'B STO

Bilden Sie die Lösung und speichern diese unter dem Namen
X mit der Anweisungsfolge

USER B A /

Die angezeigte Näherung ergibt x_1 = -7341654697.46 und
x_2 = 7341654646.46

Um die Güte der Näherung zu bewerten, geben Sie

B A X ARRAY NEXT RSD ein. Sie erhalten [0 151.1] .

Für eine exakte Lösung müsste aber RSD [0 0] liefern.

Rufen Sie nun IT auf. Das Resultat sollte 0.2 sein. Das bedeutet: der Betrag des Residuumvektors für die jetzt gefundene Näherung ist 0.2, und der Vergleich mit dem zuvor bestimmten Residuumvektor zeigt in der Tat eine drastische
Verbesserung. Der nächste Aufruf von IT liefert bereits 0.1
und ein weiterer Aufruf zeigt schließlich den Wert 0. Bilden
Sie zur Probe das Produkt der Matrix A mit dem Lösungsvektor X : x_1 = -7343856893.95, x_2 = 7343856842.95 .

Das Ergebnis wird der Vektor B sein.

Nicht zu jedem eindeutig lösbaren System wird auch die exakte Lösung gefunden und nicht jede so erzeugte Iterations-
folge kommt der exakten Lösung beliebig nahe. Wenn Sie die
linke Seite des Gleichungssystems beibehalten und die rechte
Seite durch den Vektor B = [51.01 51.03] ersetzen, dann erhalten die Iteration nach dem ersten Schritt den Zyklus 0.03,
0.07, 0.03, 0.07, ...

Ferner: auch zu unlösbaren Systemen wird eine 'Pseudolösung'
bestimmt, die dem Betrage nach sehr klein sein wird. Daher
können Sie nicht aus einem Ergebnis auf Lösbarkeit schließen.
Vielmehr liefert in diesem Fall das Programm IT konstant
bleibende Werte, die meist recht genau dem Betrag des Vek-

tors B entsprechen. Der erste Iterationsschritt von IT kann für
ein lösbares System einen schlechteren Wert liefern als für ein
unlösbares System. Führen Sie daher immer mehrere
Iterationsschritte durch.

1.4.2 Zur Umformung von Matrizen

Als Hilfsmittel zur Lösung von Gleichungs- oder Unglei-
chungssystemen und der Bearbeitung von Matrizen erhalten
Sie im folgenden einige nützliche Algorithmen, die in Programme eingebaut aber auch selbständig angewendet werden
können. So benötigt man gelegentlich kleine Routinen zur Bestimmung des maximalen Elements einer Zeile oder einer
Spalte, für Zeilensummen oder Spaltensummen oder man
möchte jeweils Zeilen oder Spalten der Matrix umordnen oder
hinzufügen. Dazu sollen nach Möglichkeit die Rechner-
routinen verwendet werden. Die Routinen aus dem *STAT-*
Menu eignen sich für interaktive Umformungen, während die
angegebenen Prozeduren für Programme günstiger sind, die
Umspeichern der Matrix aus Speichergründen vermeiden
müssen.

Für die angesprochenen Aktionen sind die Funktionen RNRM,
CNRM oder ABS nützlich, jedoch leisten sie nicht genau das Verlangte, da sie nur die größte aller Zeilensummen beziehungsweise Spaltensummen angeben. ABS wird im Referenzhandbuch
Frobeniusnorm genannt, die *Euklidische Norm* wird an anderer
Stelle gleichartig definiert. Prozeduren zum direkten Zugriff
auf einzelne Matrixelemente für Vergleich oder Austausch
lassen sich zwar angeben, sind aber für die betrachteten Ziele
nicht besonders effektiv.

Wenn man dagegen eine Matrix in ihre Zeilenvektoren zerlegt,
lassen sich die angegebenen Aktionen leichter durchführen.
Die weiteren Ausführungen beziehen sich immer auf Zeilenvektoren. Wollen Sie Spaltenvektoren bearbeiten, so transpo-

nieren Sie die Matrix mit der Anweisung TRN und führen im
übrigen die gleichen Aktionen durch.

Beispiel (1.4.2) Zerlegung einer Matrix in Zeilenvektoren

Die Zerlegung in Zeilenvektoren wird auf zwei verschiedene
Weisen dargestellt. Zunächst sehen Sie eine Möglichkeit über
das STAT-Menu. Daneben bewirkt das Programm 'ZERLEG'
das gleiche Ergebnis, zeigt aber andere Möglichkeiten des Zu-
griffs auf Matrixelemente.

Die Matrix werde in Ebene 1 des Stack angezeigt. Schlagen
Sie das STAT-Menu auf und speichern die Matrix durch die
Anweisung STOΣ in der Statistikmatrix. Diese Matrix erhält den
vordefinierten Namen ΣDAT. Sie können die Zeilenvektoren mit
der Funktion Σ- aus der Statistikmatrix entnehmen, wobei
jeweils die Zeilen in Umkehrung der Eingabereihenfolge erscheinen. Die Vektoren werden zugleich in der Statistikmatrix
gelöscht. Jeder Aufruf von Σ- entnimmt einen Vektor. Die
ursprüngliche Lage können Sie durch die Funktion Σ+ wieder
herbeiführen. Σ+ fügt einen Vektor aus Ebene 1 des Stack an
die Statistikmatrix an.

Wenn Sie die Anweisungen aus dem ARRAY-Menu nutzen
wollen, dann verwenden Sie das Programm ZERLEG. Dieses Programm reiht zunächst die Matrix in Einzelelementen auf dem
Stack auf. Die Reihenfolge der Elemente auf dem Stack entspricht dann ihrer Reihenfolge in den Zeilen der Matrix, wobei mit der ersten Zeile begonnen wird. Die Prozedur VEKTOR
ordnet die Elemente wieder neu in Einzelvektoren an.

ZERLEG:

```
« A ARRY-> LIST-> DROP 'J' STO 'I' STO 1 I
   START  J  1  ->LIST  ->ARRY DEPTH  ROLLD NEXT »
```

Anweisungen:	Erläuterung:
A ARRY-> LIST-> DROP 'J' STO 'I' STO	Die Matrix sollte in der Variablen A gespeichert sein, freilich kann man auch die Matrix unmittelbar vom Stack nehmen. Nach der Auflösung der Matrix in ihre Elemente findet man zuoberst auf dem Stack in Listenform { I J } die Angabe über Zahl der Zeilen (I) und Spalten (J). Nach Auflösung des Listenobjekts in seine Bestandteile, wobei DROP die Größenangabe beseitigt, werden die beiden Parameter zur späteren Verwendung gespeichert.
1 I START .. NEXT	Eine Zählschleife mit I Durchläufen wird in Gang gesetzt.
J 1 ->LIST ->ARRY DEPTH ROLLD	Die Schleifenanweisung nimmt immer J Elemente vom Stack, erfasst sie in einem Vektor und verschiebt diesen von der obersten Stackebene in die unterste. DEPTH wurde benutzt, da sich die Anzahl der zu rollenden Elemente nach jedem Schritt ändert. Wegen DEPTH werden vorher auf dem Stack befindliche Elemente nach Abschluß des Programms vor den Vektoren erscheinen.

Eine separate Speicherung der Vektoren scheint nicht besonders sinnvoll, da sie ja jederzeit in gleicher Anordnung wieder
erzeugt werden können.

Benutzen Sie bei der Eingabe des Programms für ->ARRY ARRY->
das ARRAY-Menu, für LIST-> ->LIST das LIST-Menu, für
ROLLD DEPTH das STACK-Menu und für START NEXT das
BRANCH-Menu.

Testen Sie mit einer einfachen Matrix:

$$\begin{bmatrix} 1 & 2 & 3 \\ 4 & 5 & 6 \\ 7 & 8 & 9 \end{bmatrix}$$

Für die Eingabe der Matrix müssen nicht sämtliche Klam-
merzeichen '[',']' mit eingeben, sondern jeweils nur die ein-
leitenden Klammern! Schließen Sie mit der '9' sofort mit ENTER
ab. Alle restlichen Formatierungszeichen werden ohne Zutun
ergänzt. Speichern Sie die Matrix unter dem Namen 'A' ab.

Löschen Sie den Stack, um nach Aufruf von ZERLEG das
Ergebnis sofort im Display zu haben.

Beispiel (1.4.3) Größtes Element einer Zeile suchen

Aufgabenstellung: Speichern Sie die folgende Matrix unter
dem Namen A und bestimmen die größten Elemente jeder
Zeile der Matrix A.

$$\begin{bmatrix} 1 & 2 & 3 \\ 4 & -5 & 6 \\ 7 & 8 & -9 \end{bmatrix}$$

Anweisungen:	Erläuterung:
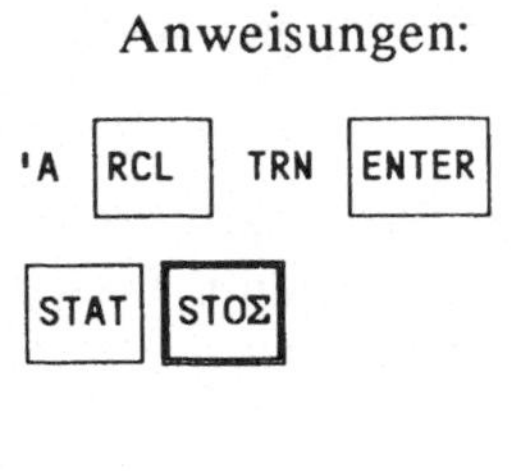	Transponieren Sie zunächst die Matrix A, da für die Statistikmatrix nur spaltenweise Maxima oder Minima bestimmt werden. Speichern Sie die Matrix als Statistikmatrix. Sie erhalten den Vektor [3 6 8].

Bestimmen Sie nun die betragsgrößten Elemente jeder Zeile und benutzen Sie dazu RNRM!

In Ebene 1 des Stack sollte sich jetzt der Vektor [7 8 9] befinden. Rufen Sie die Funktion RNRM aus dem ARRAY-Menu auf (Sie müssen für den Aufruf zweimal blättern). Die Funktion nimmt den Vektor und lässt 9 zurück.

Eine Prozedur, die das für alle Vektoren leistet ist

ZMAX:

```
« 1  I  START  RNRM  I  ROLLD  NEXT »
```

Zur Erläuterung sei nur angemerkt, daß der Parameter für ROLLD diesmal fest gewählt werden kann, da immer I Elemente gerollt werden müssen.

Löschen Sie den Stack rufen Sie ZERLEG und dann ZMAX auf. Ergebnis: die drei Maxima 3 6 9 erscheinen in dieser Reihenfolge.

Beispiel (1.4.4)   Zeilensumme

Die Zeilensumme kann als Summe der Beträge erwünscht sein
oder als die einfache Summe.

Die Summe der Beträge bestimmt ZS1:

« 1   I   START   CNRM   I   ROLLD   NEXT »

Erläuterung:
CNRM berechnet für einen Vektor die Summe der Beträge.

Die einfache Summe:

Die Matrix A ist noch in der transponierten Form in der Statistikmatrix gespeichert. Rufen Sie die Funktion TOT aus dem
STAT-Menu auf. Sie erhalten den Vektor [6   5   6]. Er stellt
die einfachen Spaltensummen der Statistikmatrix und damit
die Zeilensummen der Matrix A dar. Das Programm ZS2 führt
zum gleichen Ergebnis.

ZS2:

« I   1 ->LIST   1   CON   'V'   STO   1   I   START   V   DOT
    I   ROLLD   NEXT »

Anweisungen:

I 1 ->LIST 1 CON 'V' STO

Erläuterung:

Die Idee ist: man bildet das Ska-
larprodukt jeder Zeile mit einem
Vektor der Länge I und jeder
Komponente 1. Mit I 1 ->LIST
wird die Dimension festgelegt. 1
CON bewirkt die Belegung aller
Komponenten mit 1.

Anweisungen:	Erläuterung:
`V  DOT  I  ROLLD`	Der Schleifenkern besteht darin, das Skalarprodukt des schon auf dem Stack befindlichen Zeilenvektors mit dem Vektor V zu bilden und das Ergebnis ans Ende der Ergebnisschlange zu reihen. Die Zeilen der Ausgangsmatrix müssen also von Ebene 1 des Stack an abgelegt sein!

Wenn Sie jetzt ZS2 abgespeichert haben, dann sind nicht mehr alle benötigten Prozeduren in einer Displayseite des *USER*-Menus sichtbar. Bereinigen Sie diese Situation durch die Eingabe:

```
{ 'ZERLEG' 'ZS2' 'ZS1' 'ZMAX' 'A' }
```

Rufen Sie nun die Funktion ORDER auf (HP 28C: auf der letzten Seite des USER-Menus, HP 28S: im MEMORY-Menu). Ergebnis: die zuvor in Mengenklammern eingegebenen Prozedur- und Variablennamen erscheinen als erste in der Liste der Namen des *USER*-Menus.

Zum Test rufen Sie die Matrix A ins Display. Kehren Sie die Vorzeichen mit CHS um und speichern wieder unter dem Namen 'A'. Rufen Sie nun ZERLEG auf und danach ZS2. Achten Sie aber darauf, daß der Stack zunächst leer ist, damit ZS2 die Zeilen der Matrix findet, andernfalls scheitert das Programm! Tastenfolge:

`USER` `A` `CHS` `'A` `STO` `ZERLE` `ZS2`

Leeren Sie den Stack und rufen zum Vergleich ZERLEG und danach ZS1 auf.

Beispiel (1.4.5) Die Zeilenvektoren umordnen

Sie können die einzelnen Vektoren besichtigen, indem Sie mit VIEW die Stackebenen hinauf- und herunter wandern. Zur Bearbeitung einzelner Vektoren muß man diese allerdings meist in Ebene 1 des Stack holen. Dazu lässt man die Vektoren aufwärts oder abwärts rotieren mit Hilfe von ROLLD oder ROLL. Da man hierzu jeweils die Anzahl der zu bewegenden Stackelemente angeben muß, kann man den beiden Anweisungen den richtigen Parameter gleich mitgeben:

DOWN: « I ROLLD »

UP: « I ROLL »

Das Vertauschen zweier Vektoren kann man leicht interaktiv durchführen. Dazu holt man die beiden Vektoren mit UP oder DOWN in Ebene 1 des Stack, speichert sie zwischen und fügt an den entsprechenden Positionen der Vektorenkette wieder ein.

Beispiel:

Erzeugen Sie durch Zerlegen der entsprechenden Matrix folgende Lage auf dem Stack:

Ebene:	Vektor:
5:	[1 2 3]
4:	[2 3 4]
3:	[3 4 5]
2:	[4 5 6]
1:	[5 6 7]

Zum Austausch der Vektoren [2 3 4] und [4 5 6] holen Sie mit DOWN zunächst [4 5 6] in Ebene 1. Um die Anzahl der Vektoren zu erhalten, duplizieren Sie mit ENTER speichern dann mit Z1 STO. Holen Sie nun [2 3 4] in Ebene 1 und speichern in Z2. Rufen Sie Z1 auf, der damit an die Stelle von Z2 kopiert wird. Mit UP gelangt schließlich

[4 5 6] wieder in Ebene 1. Dieser Vektor wird mit DROP gelöscht und Z2 = [2 3 4] an dessen Stelle gesetzt.

Beispiel (1.4.6) Das Vielfache eines Vektors zu einem anderen Vektor addieren

Die obige Vektorkette werde beibehalten. Es soll das dreifache des Vektors Z1 = [4 5 6] zu Vektor Z2 = [2 3 4] addiert werden.

Der mit Z1 benannte Vektor wird in Ebene 1 geholt, mit ENTER dupliziert und schließlich mit 3 multipliziert. Das Ergebnis ist unter dem Namen Z1 zu speichern. Holen sie den Vektor [2 3 4] in Ebene 1, fügen Z1 ein und addieren.

Beispiel (1.4.7) Zusammenfügen der Vektoren in der Matrix

SAMMEL:

```
« 1  I  START  DEPTH  ROLL  ARRY->  DROP  NEXT  I  J  2  ->LIST
  ->ARRY »
```

Anweisungen:	Erläuterung:
1 I START .. NEXT	Die Schleife setzt die Anordnung der Vektoren auf dem Stack so voraus, wie sie später auch wieder im Array auftreten sollen. I ist noch vom Ursprungsarray bekannt.

Anweisungen:	Erläuterung:
DEPTH ROLL ARRY-> DROP	Achten Sie wegen DEPTH darauf, daß der Stack nur die Vektoren enthält! Mit ROLL wird der Vektor von der untersten Ebene des Stack geholt, die Elemente einzeln auf dem Stack aufgereiht und mit DROP die Dimensionsangabe beseitigt.
I J 2 ->LIST ->ARRY	Die Elemente werden wieder zum Array zusammengefaßt.

Sicherlich sind weitere spezifische Prozeduren denkbar. Die hier vorgestellten Möglichkeiten sollten zum Experimentieren anregen.

2 Programmierung numerischer Probleme

2.1 Zur Programmentwicklung auf dem HP 28

Das Kapitel 1 hatte Probleme zum Gegenstand, die bis auf
wenige Ausnahmen auch interaktiv gelöst werden konnten.
Programme ergaben sich zumeist unmittelbar aus der interaktiven[1] Problemlösung durch Zusammenfassung der Lösungsschritte. Kapitel 2 behandelt Probleme, die sowohl die eingebauten mathematischen Funktionen des HP 28 als auch seine
Programmiersprache nutzen. Es handelt sich um typische Probleme der numerischen Mathematik, die interaktiv nur schwer
gelöst werden können. Wie schon im ersten Kapitel werden
die Aufgabenstellungen nicht einem bestimmten Anwendungs-
bereich zugeordnet, sondern auf ihren mathematischen Kern
reduziert. Die zugrundeliegenden mathematischen Algorithmen
werden nicht eigens entwickelt, sondern lediglich dargestellt
und auf den HP 28 übertragen. Das Literaturverzeichnis enthält mit Ausnahme von [4] keine Hinweise auf Programm-
sammlungen, die als Vorlage dienen könnten. Eine Übertragung von Fortran-, Pascal- oder Basicprogrammen in den
Code des HP 28 ist möglich, setzt aber die Kenntnis der
Unterschiede in den Datenstrukturen und in den Programm-
ablaufstrukturen voraus. Diese Unterschiede werden hier nicht
dargestellt. Da der Befehlswortschatz des HP 28 auf die Lösung numerischer Probleme zugeschnitten ist, fallen Programme, die die internen Lösungsverfahren benutzen, häufig
kürzer aus als entsprechende Basic- oder Fortranprogramme.

Die vorgestellten Problemlösungen sollen sowohl für fortge-
schrittene als auch für wenig erfahrene Benutzer nachvollzieh-
bar sein. Soweit die Problemstellungen eine Stufung der
Schwierigkeiten zulassen, werden einfache und erweiterte
Konzepte für eine Lösung vorgestellt. Alle Problemlösungen
sollen zugleich auch Anleitung zum Programmieren und Einführung in die Programmiersprache des HP 28 sein. Daher

---

[1] interaktiv = durch direkte Aktivierung der Tastenfunktionen

wird die Programmentwicklung selbst ausführlich kommentiert und von der Reflexion möglicher Alternativen begleitet.

Erfahrene Benutzer können sich auf die Erarbeitung bestimmter Einzelheiten beschränken oder lediglich die fertige Problemlösung übernehmen. Das Buch macht den Versuch, die Programmentwicklung an den Standards heutiger Softwaretechnologie zu orientieren. So werden nicht trickreiche Problemlösungen in den Vordergrund gestellt, sondern nach Möglichkeit übertragbare Programmstrukturen gesucht. Freilich bleiben die spezifischen Möglichkeiten des Rechners das zentrale Anliegen, wie zum Beispiel die symbolische Manipulation von Funktionstermen mit Differentiation und Integration oder algebraische Umformungen, die sonst für viele Programmsysteme nicht verfügbar sind.

Welche Probleme lassen sich mit dem HP 28 durch ein Programm lösen? Vor dem Entwurf eines Programms sollte zunächst geklärt werden, ob ein Programm überhaupt erforderlich ist. Viele Probleme im Zusammenhang mit Gleichungen, Funktionen und Gleichungssystemen lassen sich interaktiv lösen. Die Funktionen etwa aus dem ARRAY-, dem PLOT-, dem STAT- und dem SOLVR-Menu bieten besondere Hilfen für interaktive Lösungen. Probleme, deren Lösung auf der häufigen Wiederholung gleichartiger Befehlsfolgen beruhen, legen als Lösungsweg Programme nahe. Betrachten Sie ein Programm als die Aufzeichnung der Kommandofolge, die bei einer interaktiven Lösung immer wieder eingegeben werden müsste, und die Sie nun mit einem Tastendruck abrufen können. Die Berechnung von Mehrfachintegralen und Mantelflächen zeigt darüber hinaus, daß Programme eingebaute Befehle auf eine Weise verknüpfen können, wie sie interaktiv nicht möglich wäre.

Speichergröße und Display und legen kurze, überschaubare Programme nahe. Als Faustregel kann gelten: kein Programm sollte mehr als vier bis sechs Zeilen umfassen. Längere Programme erschweren Eingabe, Änderungen und Fehlerbeseitigung. Diese Regel ist in den unten angegebenen Programmen

eingehalten worden. Sie erreichen dieses Ziel durch eine sinnvolle Zerlegung des Gesamtproblems in Teilprobleme, die
durch Programmbausteine (Prozeduren / Funktionen) des gewünschten Umfangs dargestellt werden können. Die Programmentwicklung muß also der Forderung nach Modularität
genügen. Kurze Prozeduren, die im Display sofort überschaubar sind, und die in anderen Programmen Wiederver-
wendung finden, haben Vorzug vor langen ungegliederten
Programmen, die schlecht überschaubar sind, und die häufige
Neuprogrammierung ähnlicher Abläufe implizieren. Die Programmiersprache des HP 28 besitzt alle wesentlichen Konzepte, die modulares Programmieren erfordert:

>*flexible Schleifenstrukturen* und ein
>*Prozedurkonzept* mit *lokalen Variablen.*

Die stackorientierte Verwaltung der Variablen läßt Rekursion
zu. Da das Prinzip der Rekursion nicht weiter behandelt wird,
sollen lediglich zur Anregung zwei Beispiele angegeben werden. Sie erkennen an den Beispielen eine korrekte Verwaltung
von lokalen Variablen, so daß der Geltungsbereich von Variablen auf bestimmte Prozeduren beschränkt werden kann.

Die Fakultät einer positiven ganzen Zahl n ist so definiert:

>0! = 1   und
>n! = n*(n-1)! falls n > 0.

Diese rekursive Form der Definition können Sie unmittelbar
in ein Programm übersetzen.

FKT:

```
« -> X « IF  X  0 == THEN  1  ELSE  X  1  -  FKT  X  *
END »»
```

Das Programm sollte unter dem Namen FKT gespeichert sein.
Sie entnehmen aus dem Programmtext, daß das Programm sich
selbst aufruft. Testen Sie das Programm und stellen fest, daß
das Programm auch korrekt terminiert. Das ist nur möglich,
wenn die lokale Variable X richtig verwaltet wird. Die Verwaltung der Variablen nimmt Platz auf dem Stack und Zeit in

Anspruch, so daß die unter dem Namen FACT eingebaute (auch
als Gammafunktion bekannte) Fakultätsfunktion für
wesentlich größere Werte von n die Fakultät bestimmt.

Die Berechnung der Fibonaccizahlen bringt noch höheren
Verwaltungsaufwand für die Variablen mit sich:

$$F(1) = 1$$
$$F(2) = 1$$
$$F(n) = F(n-1) + F(n-2) \text{ falls } n>2.$$

FIB:

```
« -> X « IF  X  3  <  THEN  1  ELSE  X  1  -  FIB  X  2  -
FIB  +  END » »
```

Beachten Sie beim Test des Programms, daß die Laufzeit und
der Speicherverbrauch mit wachsendem n stark ansteigt. Eine
iterative Version benötigt deutlich weniger Zeit.

Die nichtrekursive Variante von FIB lautet etwa so:

```
« -> X « 1  1  3  X  START  DUP2  +  NEXT » »
```

Die Begriffe *Programm* und *Prozedur* werden gelegentlich für
dasselbe Objekt benutzt. Das ist insofern korrekt, als jede
Prozedur eine eigenständige Einheit darstellt und selbständig
lauffähig ist. Umgekehrt kann jedes Programm in einer über-
geordneten Einheit als Prozedur aufgerufen werden. An dieser
Stelle soll nicht in eine akademische Diskussion über die Un-
terscheidung zwischen den Begriffen *Prozedur* und *Funktion*
eingetreten werden. In manchen verbreiteten Hochsprachen
unterscheidet die Syntax zwischen einem *Prozeduraufruf* und
einem *Funktionsaufruf*, indem ein Funktionsaufruf wie ein
Ausdruck behandelt wird, der einen Wert besitzt, während ein
Prozeduraufruf eine *Anweisung* darstellt. Viele mathematische
Algorithmen hinterlassen zweckmäßig nach dem Aufruf ihr
Ergebnis auf dem Stack und stellen insofern Funktionen dar.
Die Programmiersprache des HP 28 läßt jedoch die Freiheit,
auch Prozeduren im strengen Sinne zu verwenden. Es muß als
wichtig angesehen werden, daß Programmieren auf dem
HP 28 nicht das Erlernen assemblerartiger Codesequenzen be-
deutet, sondern sowohl von den Programmstrukturen als auch

von der Notation her einen Programmierstil begünstigt, wie er
für Hochsprachen gefordert wird.

Zur Editierung von Programmen

Auf Eingabe- und Änderungsmöglichkeiten von Programmtext
geht das Handbuch ausführlich ein. Beachten Sie insbesondere
die Hinweise zum Löschen oder Unterbrechen fehlerhafter
Eingaben und zum Stoppen fehlerhafter Programme zu Beginn
des Referenzhandbuchs. Die Probleme, die bei der Editierung
von Programmen auftreten können, werden in den Programm-
beispielen diskutiert.

Für die Editierung von Programmtext werden Sie öfter von
der jeweiligen Menuzeile auf aktive Cursortasten umschalten
und umgekehrt. Zum Einfügen von neuen Befehlen in vorhandenen Text muß der Cursor mit INS auf Einfügefunktion
umgeschaltet werden. Nutzen Sie zur Erweiterung bestehender
Programme und Prozeduren die Editierfunktion VISIT. Die
Eingabemodi sind im Handbuch ab S. 35 dargestellt.

Zur Fehlerbehandlung

Sollte ein Programm fehlerhaft ablaufen, dann kennt man selten die Stelle im Programm, an der der Fehler entsteht. Glie-
dern Sie deshalb Ihr Programm schon beim Aufbau mit Hilfe
von Prozeduren in selbständige Module. Diese Module können
separat getestet werden. Versuchen Sie zunächst den Pro-
grammteil zu lokalisieren, in dem der Fehler auftritt. Eine ge-
nauere Analyse ist dann nur im Einzelschrittmodus möglich.
Fügen Sie zu Beginn des als fehlerhaft angenommenen Pro-
grammteils die Anweisung HALT ein. Starten Sie das Programm
erneut. Das Programm arbeitet alle Anweisungen bis zu der
Anweisung HALT ab und stoppt. Blättern Sie das CTRL-Menu
auf. Mit der Anweisung SST wird jeweils ein weiterer Pro-
grammschritt ausgeführt. Sie erkennen nun die Stelle, an der
der Fehler entsteht. Verlassen Sie mit KILL das noch aktive
Programm. Ändern Sie die betreffenden Anweisungen und
vergessen nicht, HALT wieder zu löschen.

2.2 Interpolation

2.2.1 Das Interpolationsproblem:

Von einer reellwertigen Funktion f, deren Zuordnungsvorschrift nicht unbedingt bekannt sein muß, sind an n+1 Stellen $x_0, .. ,x_n$ Funktionswerte $y_0, .. ,y_n$ gegeben.

Die Stellen $x_0, .. ,x_n$ heißen *Stützstellen*, die Paare $(x_0,y_0), .. ,(x_n,y_n)$ heißen *Stützpunkte* des Interpolationsproblems.

Dann wird ein möglichst einfacher Funktionsterm f(x) gesucht, welcher auf dem Intervall $[x_0 , x_n]$ definiert ist, und an allen Stellen x_i die Werte y_i annimmt: $y_i = f(x_i)$.

Für viele Zwecke kann eine Polynom als hinreichend einfach und brauchbar angesehen werden. Das Interpolationsproblem läßt sich durch eine ganzrationale Funktion P lösen, deren Grad höchstens n ist.

Gesucht wird eine ganzrationale Funktion:

$$P(x) = a_0 + a_1 x + .. + a_n x^n$$

mit $\quad P(x_i) = y_i$ für $i = 0 .. n$.

Es entsteht ein Gleichungssystem, dessen Lösungen die Koeffizienten des Polynoms darstellen. Das erste der drei dargestellten Verfahren bestimmt das gesuchte Polynom durch Lösung dieses Gleichungssystems. Das Newtonverfahren beruht ebenfalls auf dem Polynomansatz, führt jedoch zu einem Gleichungssystem mit Dreiecksgestalt, dessen Lösung in bestimmten Fällen Vorteile haben kann. Die übliche Berechnung der Koeffizienten über dividierte Differenzen bringt für den

HP 28 geringe Vorteile an Speicherplatz und wird zusätzlich dargestellt.

Die so gewonnenen Polynome neigen bei großem Grad n zu starken Schwankungen zwischen den Stützstellen. Für bestimmte Anwendungen soll der Graph möglichst glatt verlaufen. Die Splineinterpolation bietet die Möglichkeit, durch abschnittsweise Definition der Interpolationsfunktion das Krümmungsverhalten unter Kontrolle zu bringen. Hier sind für die Intervalle zwischen den Stützstellen gerade Polynome kleinen Grades erwünscht.

Die Interpolationsverfahren werden selten zur Darstellung bekannter Funktionen mit Hilfe einfacherer Funktionsausdrücke benutzt. Diesem Zweck dienen Approximationsverfahren, die in einem eigenen Kapitel behandelt werden. Der Rechner verfügt über ein internes Verfahren zur Approximation von Funktionen durch MacLaurinreihen.

Der Problemumfang ist aufgrund der benutzten Datenstruktur in natürlicher Weise beschränkt. Wo sehr viele Daten anfallen, da wird sowohl die Datenein- und Ausgabe, als auch die Speicherung der Daten andere Systemkonfigurationen verlangen. Für angepasste Probleme kann die vorgeschlagene Lösung durchaus ihre Vorteile ausspielen.

2.2.2 Ein allgemeiner Ansatz

Der allgemeine Ansatz richtet sich zunächst nur auf die Frage,
wie das Interpolationsproblem mittels einer ganzrationalen
Funktion

$$P(x) = a_0 + a_1 x + .. + a_n x^n$$

gelöst werden kann. Diesem Ansatz genügt offenbar das
Gleichungssystem

(2.2.1)

$$y_0 = a_0 + a_1 x_0 + .. + a_n x_0^{\ n}$$

$$y_1 = a_0 + a_1 x_1 + .. + a_n x_1^{\ n}$$

$$...$$

$$y_n = a_0 + a_1 x_n + .. + a_n x_n^{\ n}$$

Der Algorithmus für das allgemeine Verfahren besteht in der
Anweisung, die Koeffizienten $a_0, a_1, .. a_n$ zu bestimmen. Dies
geschieht durch Lösung des Gleichungssystems (2.2.1). Für
paarweise verschiedene x_i existiert eine Lösung des Systems.
Das interpolierende Polynom vom Grad n kann explizit
hergestellt werden.

Die Übersetzung des Algorithmus in ein Programm erfolgt in
zwei Schritten. Zum besseren Überblick werden zunächst nur
die wichtigsten numerischen Teile des Programms entwickelt,
die zugleich möglichst wenig Speicherplatz verbrauchen. Zur
Lösung des Problems müssen die Prozeduren vom Benutzer
jeweils einzelnen aufgerufen und mit den Daten versehen
werden. Die erweiterte Version des Programms arbeitet autonom und bietet dem Benutzer mehr Komfort. Sollten Sie die
Analyse des Algorithmus und die Übersetzung in das Pro-

gramm nicht benötigen, dann fahren Sie mit Kapitel 2.2.2.2 oder Kapitel 2.2.2.4 fort.

Für mehr als sieben Stützstellen sollte die Basisversion benutzt werden. Ab etwa neun Stützstellen sollten Interpolationsverfahren benutzt werden, die keine Matrix im Speicher voraussetzen, wie zum Beispiel das Newtonverfahren mit dividierten Differenzen. Bei dieser Größenordnung des höchsten Exponenten n neigen Polynome zu ungünstigem Verhalten zwischen den Stützstellen.

2.2.2.1 Die Basisversion

Das Verfahren von Lagrange vermeidet die Lösung des Gleichungssystems (2.2.1) durch die sukzessive Bestimmung von Grundpolynomen. Diese Grundpolynome liefern aber noch nicht sofort die Koeffizienten des gesuchten Polynoms, sondern müssen ihrerseits noch entwickelt und zusammengefasst werden. Der HP 28 verfügt über ein internes Lösungsverfahren für Gleichungssysteme. Daher erscheint ein direkter Ansatz ebenso einfach wie vielversprechend. Eine unmittelbare Umsetzung des Verfahrens von Lagrange verspricht demgegenüber keine besonderen Vorteile, zumal es für praktische Zwecke selten genutzt wird.

In dieser Programmversion wird kein besonderer Eingabeteil formuliert, sondern die Eingabe fließt in die Herstellung der Matrix ein.

Beispiel (2.2.2)

Das folgende Interpolationsproblem sei vorgelegt:

i	x_i	y_i
0	1	-1
1	1.9	-0.5
2	2.7	1.5
3	4.5	1.2
4	5.4	-1.3

Der Algorithmus, welcher die Koeffizienten berechnet, beruht auf den folgenden Schritten:

1. die Stützstellen eingeben

2. die Koeffizienten ermitteln

3. den Funktionsterm bilden

Schritt 2 besteht darin, die linke und rechte Seite des Gleichungssystems (2.2.1) im Speicher des HP 28 bereitzustellen und die Lösungsfunktion für Gleichungsysteme aufzurufen. Die Zeilen der Matrix entstehen durch schrittweise Berechnung der Potenzen der Stützstellen. Schritt 3 greift die symbolischen Fähigkeiten des Rechners auf, indem die errechneten Koeffizienten mit den passenden Potenzen der Variablen x zum Funktionsterm verknüpft werden. Der Funktionsterm steht dann für graphische Darstellung und weitere Untersuchungen zur Verfügung.

Ermittlung der Koeffizienten:

Dieser Teilalgorithmus arbeitet in zwei Schritten:

1. Aufstellen des Gleichungssystems

2. Lösen des Gleichungssystems

Das Aufstellen des Gleichungssystems bedeutet die Angabe des Vektors: und der Matrix:

$$
\begin{bmatrix} y_0 \\ y_1 \\ \vdots \\ y_n \end{bmatrix}
\qquad
\begin{bmatrix}
1 & x_0 & \cdots & x_0^{\,n} \\
1 & x_1 & \cdots & x_1^{\,n} \\
 & & \cdots & \\
1 & x_n & \cdots & x_n^{\,n}
\end{bmatrix}
$$

Bild (2.2.3) Vektor und Matrix des Interpolationsproblems

Die Herstellung der Matrix

Dieser Schritt muß sich den Gegebenheiten des Rechners anpassen. Der Rechner bietet zwei Möglichkeiten Zahlen in einem Array zusammenzufassen:

1.   die passende Anzahl von Zahlen auf den Stack legen und durch die Anweisung ->ARRY mit der Größenangabe aus dem ARRAY-Menu zu einer Matrix formen. Die benötigte lineare Anordnung der Matrix ergibt sich durch ihre Zerlegung in Zeilen.

2.   eine leere Matrix erzeugen und mit Hilfe der Anweisung PUTI in einer Schleife die Matrixelemente besetzen.

Wir werden Verfahren (1) installieren.

Dazu müssen die Zeilen der Matrix auf den Stack gelegt werden. Die Zeilen haben eine gleichartige Struktur, daher wird zunächst die Berechnung einer Zeile vorgestellt. Die wiederholte Berechnung von Zeilen ergibt die Elemente der Matrix.

Eine Zeile der Matrix berechnen:

Für die Berechnung liegt Beispiel (2.2.2) zugrunde. Der Stützwert, dessen Potenzen die Zeile der Matrix bilden sollen, wird in der Variablen x gespeichert. Eine Schleife berechnet die Potenzen von 0 bis 4 und legt sie auf den Stack.

Das Gleichungssystem lösen:

Multiplizieren Sie jetzt die invertierte Matrix mit dem Vektor, indem Sie '*' drücken. Der Ergebnisvektor wird in Ebene 1 auf den Stack zurückgegeben und enthält gerade die Koeffizienten des gesuchten Polynoms. Durch ARRY-> wird der Ergebnisvektor in seine Komponenten zerlegt. Die Komponenten erscheinen auf dem Stack, wobei in Ebene 1 (5) als Größenparameter für die Anzahl der Elemente zurückgegeben wird. Mit DROP wird (5) beseitigt, da das Programm den Parameter nicht benötigt. Von Ebene 1 an kommen nun die Koeffizienten des Polynoms beginnend mit der höchsten Potenz zum Vorschein. Eine Inspektion der gerundeten Koeffizienten sollte folgendes ergeben:

Ebene:	5	4	3	2	1
Koeffizient:	7.14	-15.87	9.67	-2.08	0.14

Das Ziel kann jetzt nur lauten: das Polynom als Term herstellen, um Interpolationen durchführen zu können. Für den Graph benötigen Sie ebenfalls den Funktionsterm.

Den Funktionsterm bilden:

 Die Koeffizienten müssen jetzt mit der passenden Potenz von 'X' [1] verknüpft werden. Das ist möglich, indem der Reihe nach zunächst das Symbol 'X^4' auf den Stack gebracht wird und durch '*' mit 'seinem' Koeffizienten verknüpft wird. Die Zahl 4 war die höchste Potenz im gewählten Beispiel. Das Ergebnis erscheint in symbolischer Form zuoberst auf dem Stack. Um den nächsten Koeffizienten verfügbar zu machen, muß das oberste Element nun ans andere Ende der Koeffizientenkette transportiert werden. Dies geschieht durch die Anweisung '5 ROLLD'. '5' gibt im Beispiel die Zahl der zu bewegenden Stackelemente an. Der nächste Koeffizient wird mit 'X^3' verknüpft und so fort. Die Wiederholung dieser Aktion in einer Schleife lässt sich so formulieren:

Anweisung '5 ROLLD'. '5' gibt im Beispiel die Zahl der zu bewegenden Stackelemente an. Der nächste Koeffizient wird mit
'X^3' verknüpft und so fort. Die Wiederholung dieser Aktion
in einer Schleife lässt sich so formulieren:

« 4 0 FOR I 'X' I ^ * 5 ROLLD -1 STEP 1 4 START + NEXT »
'POLY [STO] speichert das Programm.

Anweisungen: Erläuterung:

4 0 FOR I .. -1 STEP   Die Parameter 4 und 0 steuern
                               die abwärts laufende Schleife

'X' I ^ * 5 ROLLD   Hat I den Wert 4, so wird das
                               Symbol 'X^4' erzeugt, mit dem
                               zuoberst liegenden Koeffizienten
                               multipliziert, und das so entstan-
                               dene Symbol räumt seinen Platz
                               im Ringtausch für den nächsten
                               Koeffizienten.

Rufen Sie die Prozedur für die bereitliegenden Koeffizienten
auf. Als Ergebnis bleibt der gewünschte Funktionsterm in
Ebene 1 des Stack zurück. Wechseln Sie nun in das SOLV-
Menu und speichern den gewonnenen Funktionsterm mit STEQ
in der vordefinierten Variablen EQ. Vom SOLV-Menu ge-
langen Sie ins SOLVR-Menu. Hier sind die Optionen X und
EXPR= verfügbar. Nach Abspeichern des Funktionsterms in der
vordefinierten Variablen EQ wird die Variable X in das
SOLVR-Menu (übrigens auch in die Variablen-Liste des
USER-Menus) eingefügt. Sie können Werte in der Variablen
X speichern und mit EXPR= den Funktionswert bestimmen.
Dazu muß sich die Zahl, deren Funktionswert gesucht ist, in
Ebene 1 des Stack oder in der Eingabezeile befinden. Sie
brauchen die Eingabe nicht mit ENTER abzuschließen, sondern
lediglich die Menutaste für 'X' zu drücken. Aktivieren Sie die
Funktion EXPR=, um den Funktionswert zu berechnen.

Wenn Sie nun den Graph der Funktion betrachten wollen,
achten Sie darauf, daß die Einheiten passend konfiguriert
sind.

2.2.2.2 Protokoll des Lösungsganges:

Beachten Sie für die Eingaben, daß alle einmal erzeugten Variablen und gespeicherten Prozeduren über das *USER*-Menu erreicht werden können und über je eigene Tasten aufgerufen werden.

Eingabe:	Erläuterung:
« 'X' STO 0 4 FOR I X I ^ NEXT » \[ENTER\] 'ZEILE \[STO\]	Wählen Sie für die Eingabe die zweite Seite des *BRANCH*-Menus. Das Abschlußzeichen '»' für die Prozedur ZEILE muß nicht eingegeben werden. Wenn Sie nach der Anweisung NEXT die ENTER-Taste drücken, dann fügt der Editor nach einer Überprüfung der Prozedur auf Korrektheit das Zeichen automatisch ein.
« 4 0 FOR I 'X' I ^ * 5 ROLLD -1 STEP 1 4 START + NEXT » \[ENTER\] 'POLY \[STO\]	Geben Sie die Prozedur 'POLY' ein.
\[USER\] 1 \[ZEILE\] 1.9 \[ZEILE\] 2.7 \[ZEILE\] 4.5 \[ZEILE\] 5.4 \[ZEILE\]	Auf diese Weise erzeugen Sie die Elemente der Matrix, die zeilenweise auf den Stack gelegt werden.

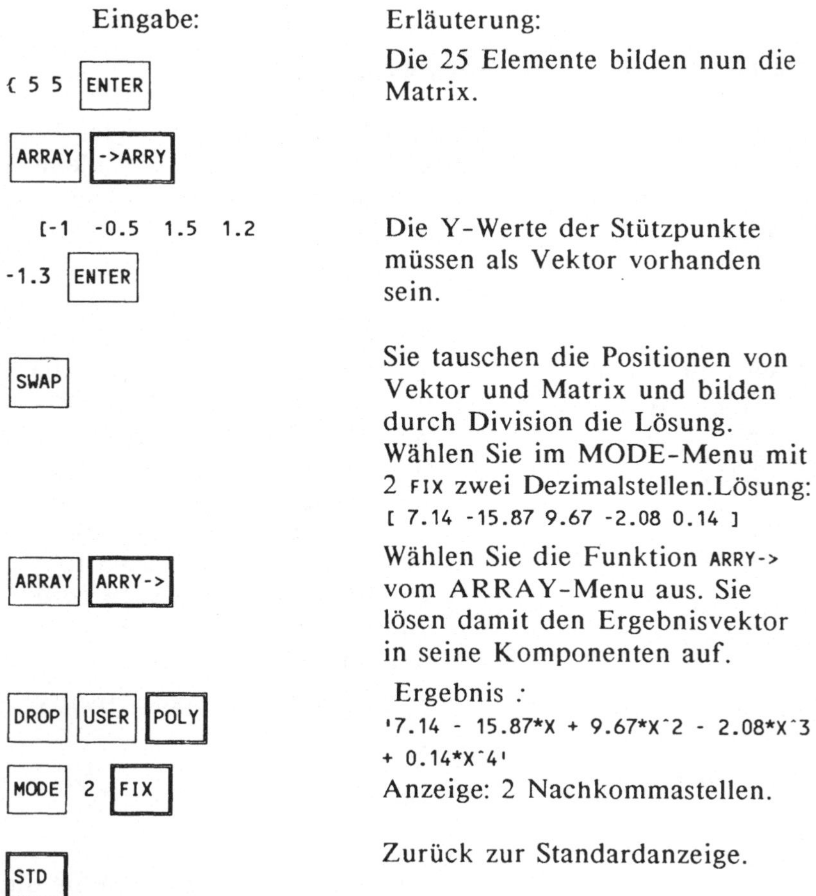

Eingabe:	Erläuterung:

Die 25 Elemente bilden nun die Matrix.

Die Y-Werte der Stützpunkte müssen als Vektor vorhanden sein.

Sie tauschen die Positionen von Vektor und Matrix und bilden durch Division die Lösung. Wählen Sie im MODE-Menu mit 2 FIX zwei Dezimalstellen. Lösung:
[7.14 -15.87 9.67 -2.08 0.14]

Wählen Sie die Funktion ARRY-> vom ARRAY-Menu aus. Sie lösen damit den Ergebnisvektor in seine Komponenten auf.

Ergebnis :
$'7.14 - 15.87*X + 9.67*X^2 - 2.08*X^3 + 0.14*X^4'$
Anzeige: 2 Nachkommastellen.

Zurück zur Standardanzeige.

Wollen Sie nun die gewonnene Funktion auswerten, dann sollten Sie vom SOLV-Menu aus zunächst den Funktionsterm mit STEQ in der vordefinierten Variablen EQ speichern und anschließend vom *SOLVR*-Menu und vom *PLOT*-Menu aus die Funktion untersuchen.

Wollen Sie mit der Basisversion für eine andere Zahl an Stützstellen interpolieren, dann müssen die Schleifenparameter, die von der Stützstellenzahl abhängen, entsprechend korrigiert werden. Diese Parameter können Sie auch als Variable einsetzen. Vergleichen Sie dazu die Programmentwicklung im nächsten Kapitel.

2.2.2.3 Die erweiterte Version

Das vorgestellte Verfahren hat zwar gezeigt, daß mit einfachen Mitteln ein Interpolationsverfahren programmiert und gehandhabt werden kann. Andererseits sind noch einige Wünsche offen geblieben. So sind die beiden oben entwickelten Prozeduren zwar überschaubar, aber der Gesamtablauf erfordert noch zuviel Kontrolle durch den Benutzer. Man kann von einem komfortablen Programm erwarten, daß nach der Eingabe der Stützpunkte sofort das fertige Polynom angezeigt wird. Das Programm soll alle erforderlichen Schritte selbständig durchführen und die Anzahl der Stützstellen erkennen. Der Vorzug einfacheren Arbeitens ist jedoch mit größerem Speicherverbrauch verbunden.

Daraus ergibt sich als Programmablauf:

Eingabe: die Vektoren $VX = [x_0, x_1, .. , x_n]$ und
             $VY = [y_0, y_1, .. , y_n]$ für die Stützstellen.

Ausgabe: der Funktionsterm.

Das Programm INTERPOL1 soll drei Kernprozeduren enthalten, welche aus den oben entwickelten Prozeduren ZEILE und POLY erwachsen:

Prozedurname: Zweck:

  EINGABE   Stellt die erforderlichen Daten
                       bereit.

KOEFF	Fertigt die Matrix an und be-rechnet Koeffizienten.
POLY	Stellt aus den Koeffizienten des Polynoms den Term her.

EINGABE

Die Eingabeprozedur findet auf dem Stack die Werte der Stützpunkte in Form zweier Vektoren vor, die sie in den Variablen VX, VY abspeichert. Die Y-Werte der Stützpunkte werden in Vektorform für den Lösungsprozess benötigt. Die Eingabeprozedur hinterlässt die Länge des Vektors VX auf dem Stack, dieser Wert gibt die Zahl der Stützstellen an und wird für den Aufbau der Matrix und des Funktionsterms benutzt.

EINGABE:

```
« 'VX' STO 'VY' STO VX SIZE LIST-> DROP 'N' STO »
```

Anweisungen:	Erläuterung:
'VX' STO	die X-Werte speichern
'VY' STO	die Y-Werte speichern
VX SIZE	Länge des Eingabevektors
LIST-> DROP	Der Längenparameter muß noch des Listenformats entkleidet werden. DROP entfernt den Längenzähler, den die Funktion LIST-> erzeugt.

Bestimmung der Koeffizienten

Die Prozedur KOEFF erfüllt zwei Aufgaben:

1. Matrix bestimmen
2. Gleichungssystem lösen.

Schritt 1 erfassen wir der kompakten Formulierung halber in
einer Prozedur namens 'MATRIX'.

MATRIX

Die Prozedur MATRIX benötigt die Anzahl N der Stützstellen. N wurde von der Eingabeprozedur bestimmt. Der
zugrundeliegende Algorithmus lässt sich so beschreiben:

```
┌─────────────────────────────────────────────────┐
│        ┌────────────────────────────────────┐    │
│        │ nimm die i-te Komponente von VX    │    │
│        │ berechne die i-te Zeile der Matrix │    │
│        │ und lege deren Elemente auf den Stack │  │
│  Für Index i mit Schrittweite 1 von 1 bis N:     │
│                                                   │
├───────────────────────────────────────────────── │
│                                                   │
│  fasse die Elemente zu einer Matrix zusammen      │
└─────────────────────────────────────────────────┘
```

Bild (2.2.3) Struktogramm der Prozedur MATRIX

Der Kern der Problemlösung, nämlich die Berechnung einer
Zeile und die Zusammenfassung zu einer Matrix, ist bereits
bekannt.

Die alte Version von 'ZEILE', also:

```
«'X' STO 0 4 FOR I X I ^ NEXT »
```

ist jedoch mit einer festen Schleifenende versehen. Wir
übergeben jetzt der Prozedur 'ZEILE' den Parameter N und
beseitigen damit dieses Hindernis.

Lösung:

```
« 'X' STO 0 N 1 - FOR I X I ^ NEXT »
```

Anmerkung: die Schleife beginnt bei 0, läuft also nur bis N-1. Wie N übernommen wird, soll weiter unten geklärt werden.

Variante: `« 'X' STO 1 1 0 N 2 - FOR X * DUP NEXT DROP »`

Die Variante vermeidet Fehler, die bei der Potenzierung entstehen können.

Die Stützstellen des Interpolationsproblems liegen nunmehr als Vektor vor. Daraus ergibt sich die Frage, wie man auf die Komponenten eines Vektors (allgemeiner : einer Matrix) zugreifen kann.

Wir benötigen dafür eine Prozedur, die einen Index I auf dem Stack erwartet und (bei sonst ungeändertem Stack) die I-te Komponente des Vektors auf dem Stack zurücklässt.

GTX: `« -> I « VX I 1 ->LIST GET » »`

Speichern Sie nun die Prozedur unter dem Namen 'GTX'. 'GET' ist vordefinierter Bezeichner!.

Die Variable 'VX' enthält den Stützstellenvektor. Die Prozedur nutzt eigentlich nur den Befehl GET. Der Rechner besteht jedoch darauf, daß der Index I in die Mengenklammern '{}' verpackt wird, also in der Form einer Liste auftritt, und genau das leistet die Prozedur. Hier wird eine lokale Variable I verwendet. Die Verwendung der lokalen Variablen I wird vor dem eigentlichen Prozedurrumpf mit '->I' angekündigt und der Prozedurrumpf nochmals mit «...» eingeschlossen. Hieraus erklären sich die zusätzlichen Kennzeichner. Die Variable I verschwindet nach dem Abarbeiten der Prozedur und trägt damit zur Speicherhygiene bei. Zum Vergleich:

```
« 'I' STO VX I 1 ->LIST GET »
```

würde den gleichen Prozedurablauf erzeugen, aber nach Ablauf eine Speichervariable 'I' zurücklassen. Eine derartige Informationsübergabe führt leicht zu Kollisionen, wenn verschiedene Prozeduren dieselben Variablennamen verwenden. Zur Verkürzung des Programmtextes sollte man kurze Variablennamen verwenden, die nach Möglichkeit erkennen lassen, für welchen Zweck sie benutzt werden.

Die Prozedur « 1 ->LIST VX SWAP GET » erfüllt ebenfalls den vorgegebenen Zweck, verzichtet jedoch auf einen Bezeichner für das vom Stack genommene Objekt. Bei längeren Prozeduren und mehreren Variablen führt der Verzicht auf sprechende Variablennamen jedoch zu einem Verlust an Dokumentation. Die Wirkung solcher Prozeduren ist bei späterem Lesen mühsamer zu rekonstruieren.

Der bisherige Kenntnisstand ist:

ZEILE: « 'X' STO 0 N 1 - FOR I X I ˆ NEXT »

GTX: « -> I « VX I 1 ->LIST GET » »

Eine Zusammenfassung der Prozeduren ZEILE und GTX ergibt die Prozedur MATRIX:

« 1 N FOR J J GTX ZEILE NEXT N N 2 ->LIST ->ARRY »

Die beiden hinzugekommenen Anweisungen sorgen für die Fertigstellung der Matrix. Speichern Sie den Prozedurtext unter dem Namen 'MATRIX' ab.

Die Prozedur KOEFF muss die Variable N übernehmen, die Prozedur MATRIX aufrufen und die Lösung des Gleichungssystems bestimmen:

KOEFF:

« MATRIX 1/X VY * ARRY-> DROP »

Die Prozedur POLY schließlich erfährt die entsprechenden Änderungen:

POLY:

```
« N  1  -  0  FOR  I  'X'  I  ^  *  5  ROLLD  -1  STEP
     1  N  1  -  START  +  NEXT »
```

Eine Gliederung der Aufgabenstellung durch die Prozeduren lässt sich durch dieses Schema darstellen:

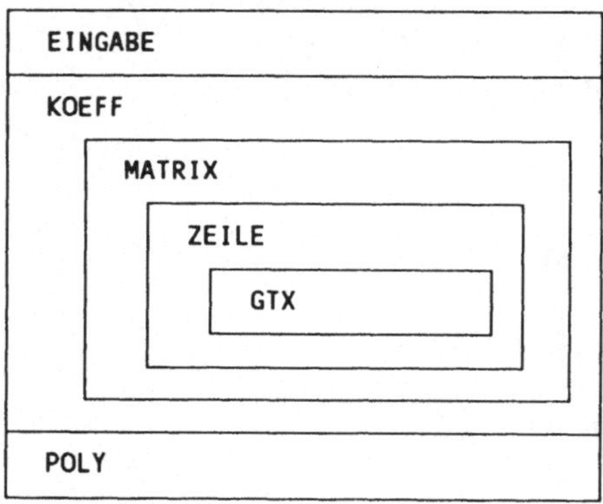

Bild (2.2.5)   Blockdiagramm der Prozeduren

2.2.2.4 Programmablaufprotokoll:

Zusammenfassung der Prozeduren

EINGABE:

```
« 'VX'  STO  'VY'  STO  VX  SIZE  LIST->  DROP  'N'  STO »
```

ZEILE:

```
« 'X'  STO  0  N  1  -  FOR  I  X  I  ^  NEXT »
```

Die folgende Variante von ZEILE kann eine geringfügig bessere Rechengenauigkeit haben:

```
« 'X' STO 1  1  0  N  2 - START  X * DUP NEXT DROP »
```

GTX:

```
« -> I « VX  I 1 ->LIST  GET » »
```

MATRIX:

```
« 1  N  FOR  J  J  GTX  ZEILE  NEXT  N  N  2
   ->LIST  ->ARRY »
```

KOEFF:

```
« MATRIX  1/X  VY * ARRY-> DROP »
```

POLY:

```
« N  1  -  0 FOR I  'X'  I  ^  *  N  ROLLD  -1  STEP
  1  N  1  -  START  +  NEXT »
```

Das eigentliche Hauptprogramm besteht jetzt nur noch im
korrekten Aufruf der einzelnen Prozeduren:

INTERPOL1:

```
« EINGABE  KOEFF  POLY »
```

Benutzte Variablen:
VX, VY : diese beiden Vektoren enthalten die X-Werte beziehungsweise die Y-Werte der Stützpunkte. N ist die Anzahl der
Stützstellen. In X werden die Werte der Stützstellen zwischengespeichert. I und J sind Laufvariablen für Schleifen, sie
werden innerhalb der Schleife lokal erzeugt und tauchen im
USER-Menu nicht auf.

Testen Sie das Programm zunächst an dem Interpolationsproblem aus Beispiel (2.2.2).

Legen Sie die Stützstellenvektoren auf den Stack:

Ebene:	Anzeige:
2:	[-1 -0.5 1.5 1.2 -1.3]
1:	[1 1.9 2.7 4.5 5.4]

Rufen Sie nun INTERPOL1 auf.

Beispiel (2.2.6)

Interpolieren Sie die Funktion $f(x) = e^x$ an den Stellen
0, 0.2, 0.4, 0.6, 0.8, 1, 1.2 .

Berechnen Sie dazu zunächst die Funktionswerte von f und
fassen dann die sieben auf dem Stack liegenden Werte mit
dem Parameter {7} und der Anweisung ->ARRY zu einem Vektor
zusammen.

Ebene:	Anzeige:
2:	[1 1.22 1.49 1.82 2.23 2.72 3.32]
1:	[0 0.2 0.4 0.6 0.8 1 1.2]

Rufen Sie jetzt INTERPOL1 auf. Das Ergebnis sollte
`'1 + X + 0.5*X^2 + 0.17*X^3 + 0.04*X^4 + 0.01* X^5 + 2.56E-3*X^6'`

sein. Stellen Sie zwei Nachkommastellen ein. Vom *SOLVR*-
Menu aus können Sie nachprüfen, daß die Interpolationsfunktion in den Stützstellen mit f übereinstimmt.

Anmerkungen:

1.   Zur Zerlegung in Teilmodule:
     Die Entwicklung des Programms sollte cum grano salis
     zeigen, wie durch die Beschränkung auf jeweils einen
     Teilaspekt des zu programmierenden Problems die
     Komplexität auf ein tragbares Maß reduziert werden
     kann. Der HP 28 ermöglicht diese modulare Form der
     Programmierung. Das Programm kann dadurch an den
     Speicherbedarf angepasst werden.

2.   Zum Problemumfang:
Das Programm übernimmt alle erforderlichen
Zwischenschritte selbständig. Dadurch erhält der
Programmtext einen Umfang von etwa 400 Byte. Der
verbleibende Speicherplatz reicht aus, um ein
Interpolationsproblem auf dem HP 28 bis sieben
Stützstellen zu bearbeiten. Für den HP 28S stellt der
Speicherplatz keine praktische Beschränkung dar.
Allerdings ergeben sich vielen Stützstellen Probleme
durch die zunehmende Welligkeit der interpolierenden
Polynome.

3.   Zur Rechengenauigkeit:
Die Fehler, welche durch die Berechnung der Lösung
des Gleichungssystems entstehen, bleiben gering.
Trotzdem können Sie in wenigen Fällen die Genauigkeit dieser Lösung durch Nachiteration verbessern.
(siehe dazu Kapitel Matrizenrechnung)

2.2.3   Das Newtonsche Interpolationsverfahren

Das oben geschilderte allgemeine Verfahren hätte sicherlich
das Verfahren von Lagrange unmittelbar nachbilden können.
Dies hätte jedoch den Verzicht auf einige mächtige Befehle
bedeutet, wie etwa der Anweisung, ein Gleichungssystem zu
lösen. Die Darstellung des Newtonverfahrens weicht von dem
üblichen Weg über die dividierten Differenzen ab. Das
Newtonverfahren mit den dividierten Differenzen ist als
Ergänzung ohne weitere Begründung angegeben. Das besondere Merkmal des Newtonverfahrens beruht auf einer drei-
eckförmigen Matrix, die das Verfahren als Zwischenstation
zur Lösung erzeugt. Zur Lösung des Interpolationsproblems
können dann Rechenvorschriften formuliert werden, die eine
direkte Lösung des Gleichungssystems vermeiden. Die Lösung
des grundlegenden Gleichungssystems soll wieder mit den
eingebauten Funktionen durchgeführt werden. Im Anhang an

dieses Kapitel finden Sie das Verfahren mittels dividierter Differenzen.

Zum Verfahren selbst:

Gegeben sei das Interpolationsproblem wie oben mit den Stützpunkten { (x_0, y_0), .. ,(x_n, y_n) }.

Ansatz:

$$P(x) = \begin{aligned} &c_0 + \\ &c_1(x - x_0) + \\ &c_2(x - x_0)(x - x_1) + \\ &c_3(x - x_0)(x - x_1)(x - x_2) + \\ &\qquad + ... + \\ &c_n(x - x_0)(x - x_1)..(x - x_{n-1}) \end{aligned}$$

wobei $y_i = P(x_i)$.

Aus dem Ansatz ergibt sich unmittelbar, daß das Polynom an den Stützstellen genau die gewünschten Werte annimmt.

Das Newton-Verfahren beruht auf der Lösung des folgenden Gleichungssystems:

$$\begin{aligned} y_0 &= c_0 \\ y_1 &= c_0 + c_1(x_1 - x_0) \\ y_2 &= c_0 + c_1(x_2 - x_0) + c_2(x_2 - x_0)(x_2 - x_1) \\ &\quad .... \\ y_n &= c_0 + c_1(x_n - x_0) + c_2(x_n - x_0)(x_n - x_1) + .. \\ &\quad .. + c_n(x_n - x_0)..(x_n - x_{n-1}) \end{aligned}$$

Bild (2.2.7) Gleichungssystem zum Newtonverfahren

Dieses Verfahren bestimmt die Koeffizienten $c_0 .. c_n$ für das Polynom in der oben angegebenen Form, weiter soll auch das Programm nicht entwickelt werden.

Anmerkungen:

1. Der Vorteil des Newtonschen Verfahrens ergibt sich in unserem Fall nicht aus einer besonderen Vereinfachung des Berechnungsverfahrens selbst, sondern durch ein möglicherweise günstigeres Verhalten beim Lösen des Gleichungssystems. Immerhin können beim 'allgemeinen Verfahren' recht große Potenzen anfallen, die nicht zu einem günstig konditionierten System führen müssen. Dies ist aber von der Lage und Größenordnung der Stützstellen abhängig!

2. Die Stützstellen müssen bei der Eingabe nicht linear geordnet sein: $x_0 < x_1 < .. < x_n$. Vielmehr lässt sich zeigen, daß eine veränderte Reihenfolge die Lösung nicht verfälscht. In der Praxis kann sich allerdings eine Verbesserung der Genauigkeit der Lösung ergeben, wenn man die Reihenfolge vertauscht. Zur Verbesserung der Genauigkeit siehe auch das Kapitel Matrizenrechnung.

3. Zur Umformung des Polynoms in die gewohnte Darstellung finden Sie im Anhang ein Verfahren, das das Hornerschema nutzt.

Die Matrix zum Gleichungssystem (2.2.7):

$$
\begin{array}{lllll}
1 & 0 & 0 & .. & 0 \\
1 & (x_1 - x_0) & 0 & .. & 0 \\
1 & (x_2 - x_0) & (x_2 - x_0)(x_2 - x_1) & & 0 \\
& & .... & & \\
1 & (x_n - x_0) & (x_n - x_0)(x_n - x_1) & .. & (x_n - x_0)..(x_n - x_{n-1})
\end{array}
$$

Bild (2.2.8) Matrix zum Newtonverfahren

Der Ablauf orientiert sich an den Schritten:

    1. *Stützstellen eingeben*

    2. *Koeffizienten berechnen*

Im Hinblick auf das allgemeine Verfahren ändert sich Schritt 1 nicht. Schritt 2 erfährt Modifikationen bei der Prozedur 'MATRIX'.

Koeffizienten berechnen

Die Berechnung orientiert sich an den folgenden Kernideen:
1.   die erste Spalte der Matrix wird mit '1' gefüllt
2.   von der zweiten Spalte an ist jede Zeile wie folgt aufgebaut: um das aktuelle Matrixelement M_{zs} zu erhalten, nimmt man das Element aus der vorhergehenden Spalte : M_{zs-1} und multipliziert mit der Differenz $x_z - x_{s-1}$. Die Werte x_z und x_{s-1} entstammen dem Stützstellenvektor.

Im Struktogramm lässt sich der Ablauf so beschreiben:

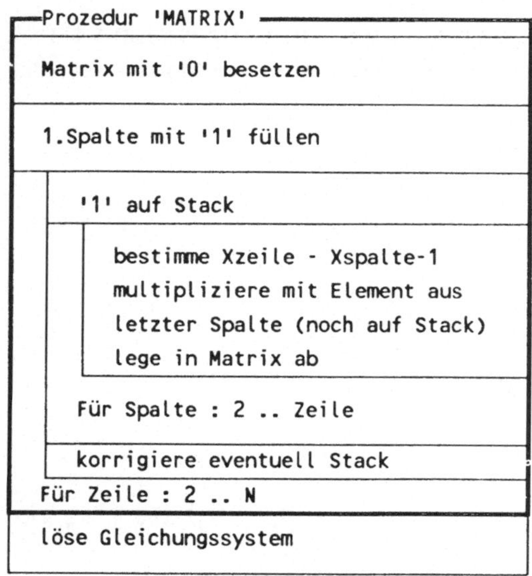

Bild (2.2.9) Struktogramm Prozedur KOEFF

Aus dem Struktogramm ergibt sich, daß die Prozedur KOEFF,
die die Koeffizienten berechnen soll, im wesentlichen aus der
Prozedur MATRIX besteht, die das Schema aus Bild (2.2.8)
erzeugen soll.

Vorbereitung der Matrix

Beim allgemeinen Ansatz genügte es, die Elemente der Matrix
zeilenweise auf den Stack zu legen und diese erst zum Schluß
zu einer Matrix zusammenzufassen. Dieses Vorgehen eignet
sich hier nicht für den Aufbau der Matrix, da für die Berechnung neuer Matrixelemente auf schon bekannte Matrixelemente zugegriffen werden muß. Daher erzeugt die Prozedur
zunächst eine Matrix, die überall mit der Konstanten Null
besetzt ist. Die Elemente werden nach Berechnung an die
richtige Position in der Matrix geschrieben. Zur Erzeugung
der Nullmatrix muß der Stack so aussehen:

Ebene:	Anzeige:
2:	{n n}
1:	0

Funktionsaufruf: CON aus dem ARRAY-Menu.

Ergebnis ist eine Null-Matrix der Dimension n. Die Prozedur
'ERZEUG' erfüllt diesen Zweck:

```
« N N 2 ->LIST 0 CON 'FLD' STO »
```

Anmerkung:
Die Zeichenfolge '{N N}' darf nicht an die Stelle der
Anweisungsfolge 'N N 2 ->LIST' treten, da in diesem Fall das
Zeichen 'N' nicht als Variable, sondern als Symbol aufgefaßt
wird! Dagegen darf an die Stelle von N eine Konstante treten.
Die Variable N muß an dieser Stelle als bekannt vorausgesetzt
werden, sie wird von der Prozedur 'EINGABE' richtig gesetzt.

Es ist nun zu klären, wie auf eine bestimmte Position der
Matrix zugegriffen werden kann. Zur eleganteren Formulierung der folgenden Prozeduren erzeugen wir eine Prozedur

'PT' (im Anklang an PUT), welche einen Wert X an eine Position (Z,S) der Matrix FLD schreibt.

Dazu muß der Stack so aussehen:

Ebene:	Anzeige:
3:	[.. FLD ..]
2:	{ z s }
1:	X

Nach dem Funktionsaufruf PUT bleibt in Ebene 1 das aktualisierte Feld FLD zurück.

Ein Matrixelement speichern

PT: « -> X Z S « 'FLD' Z S 2 ->LIST X PUT » »

Sie sehen, daß der Variablenname, also 'FLD', ebenfalls auf dem Stack auftreten darf. Die Variante:

        « 2 ->LIST 'FLD' 3 ROLLD SWAP PUT »

ist nicht wesentlich kürzer und bringt durch den Verzicht auf die lokalen Variablen einen Verlust an Lesbarkeit mit sich.

Anmerkungen:

1.   Bei Aufruf der Prozedur nimmt sie drei Objekte vom Stack, diese müssen also bereitgestellt werden!

2.   Die Verwendung von PUTI hätte zwar in der Prozedur kürzeren Code erlaubt, dafür aber am Ende der inneren Schleife Korrekturmaßnahmen erfordert, da die Matrix nur unterhalb der Hauptdiagonalen durchlaufen wird.

Erste Spalte der Matrix mit '1' füllen

Der Prozedur PT müssen jetzt nur noch einer Schleife die
Parameter mitgeteilt werden:

SP1:　　« 1 N FOR J 1 J 1 PT NEXT »

Die Prozedur MATRIX entsteht durch Zusammenfassung der
Prozeduren ERZEUG, GTX und PT. GTX ist Kapitel 2.2.2.3
dargestellt.

MATRIX:

```
« ERZEUG SP1 2 N FOR Z 1 2 Z FOR S Z GTX S 1
      - GTX - * DUP Z S PT NEXT DROP NEXT FLD »
```

Matrix kann in dieser Form von der Prozedur KOEFF aufgerufen werden.

Anweisung:	Erläuterung:
USER ERZEUG SP1	Matrix und erste Spalte initiali-sieren.
2 N FOR Z 1 .. NEXT	Die äußere Schleife zählt über die Zeilen, die '1' bereitet die Produkte der Differenzen vor.
2 Z FOR S Z GTX S 1 - GTX - * DUP Z 　S PT NEXT	Die innere Schleife zählt über die Spalten bis zur Hauptdiago-nale, holt x_{s-1} und subtrahiert x_z, darüber auf dem Stack liegt das alte Element, damit multipliziert, für nächsten Durchgang auf den Stack gelegt, einer der beiden in den Array geschrieben.
FLD	das Feld wird auf den Stack ge-legt als Vorbereitung für die Lösung

2.2.3.1 Programmablaufprotokoll

EINGABE:

    « 'VX' STO 'VY' STO VX SIZE LIST-> DROP 'N' STO »

GTX:

    « -> I « VX I 1 ->LIST GET » »

PT:

    « -> X Z S « 'FLD' Z S 2 ->LIST X PUT » »

ERZEUG:

    « N N 2 ->LIST 0 CON 'FLD' STO »

SP1:

    « 1 N FOR J 1 J 1 PT NEXT »

MATRIX:

    « ERZEUG SP1 2 N FOR Z 1 2 Z FOR S S 1 -
      GTX Z GTX - * DUP Z S PT NEXT DROP NEXT FLD »

KOEFF:

    « MATRIX 1/X VY * ARRY-> DROP »

Beispiel (2.2.10)

Sie erhalten für das Interpolationsproblem mit den Stützpunktevektoren VX = [1 2 3 4 5] und VY = [1 3 9 5 2] die Koeffizienten $c_0 = 1$, $c_1 = -2$, $c_2 = 2$, $c_3 = 2.33$, $c_4 = 1.04$.

Legen Sie dazu die Vektoren VX und VY auf den Stack.

Ebene:	Anzeige:
2:	[1 3 9 5 2]
1:	[1 2 3 4 5]

Rufen zunächst EINGABE, dann KOEFF auf. Der Koeffizient $c_0 = 1$ befindet sich in Ebene 5, der Koeffizient $c_4 = 1.04$ bleibt in Ebene 1 zurück.

Ergänzung:

Sie erhalten noch ohne weitere Begründung das Newtonsche Interpolationsverfahren mit den dividierten Differenzen sowie die Entwicklung der Koeffizienten des Polynoms. Die Koeffizienten c_i entstehen aus der Darstellung in Bild (2.2.7) und gelten für das Polynom in Produktform. Unter Nutzung des Hornerschemas gewinnen Sie das Polynom in Normaldarstellung.

GTX:

```
« -> I « VX  I  1 ->LIST  GET » »
```

GTY:

```
« -> I « VY  I  1 ->LIST  GET » »
```

PTY:

```
« -> V  I « 'VY'  I  1 ->LIST  V  PUT » »
```

PTC:

```
« -> V  I « 'VC'  I  1 ->LIST  V  PUT » »
```

Zur Eingabe von GTY brauchen Sie GTX nur mit RCL aufzurufen. Ändern Sie mit EDIT das Zeichen X in Y um und speichern unter dem Namen GTY.

KOEFF:

```
« VY  'VC'  STO  1  N  1  -  FOR  J     1  N  J  -  FOR  I
  I  1  +  GTY  I  GTY  -  I  J  +  GTX  I  GTX  -  /  I  PTY
  NEXT     1  GTY  J  1  +  PTC  NEXT »
```

Zum Test geben Sie die Vektoren VX und VY, sowie den
Parameter N direkt ein und rufen KOEFF auf. Die Koeffizienten c_i sind nun im Vektor VC enthalten.

Die Koeffizienten c_i können mit Hilfe des Hornerschemas in
die Polynomkoeffizienten der Normaldarstellung überführt
werden. Vergleichen Sie dazu die Anwendungen des
Hornerschemas in Kapitel 1.

HORN:

```
« N  GTC  N  PTY  N  1  -  1  FOR  I  N  1  -  1  FOR  J  J
  GTC  J  PTY  -1  STEP  N  1  -  I  FOR  K  K  GTC  K  1  +
  GTY  I  GTX  *  -  K  PTC  -1  STEP  -1  STEP »
```

Nach Ablauf der Prozedur HORN befinden sich die gesuchten
Koeffizienten im Vektor VC, dessen erste Komponente den
Koeffizienten niedrigsten Grades und dessen letzte
Komponente den Koeffizienten höchsten Grades enthält.

Die Prozedur POLY fertigt daraus das gewünschte Polynom
an, das Sie wieder im *SOLVR*-Menu und im *PLOT*-Menu
untersuchen können.

POLY:

```
« VC  ARRY->  DROP  N  1  -  0  FOR  I  'X'  I  ^  *  N
  ROLLD  -1  N  ROLLD  -1  STEP     2  N  START  +  NEXT »
```

Speichern Sie die Vektoren VX = [1 2 3 4 5 6 7 8 9 10] und
VY = [1 2 3 2 1 0 -1 0 1 2], sowie N = 10.

Beachten Sie, daß in Verlaufe der Prozedur POLY Speicher-
platzprobleme auftreten. Für dieses Beispiel waren beim
HP 28C die Optionen COMMAND, UNDO und LAST abgeschaltet. Sie
sollten außer den genannten Prozeduren und Variablen keine

weiteren Objekte in Stack oder *USER*-Menu gespeichert
haben. Außerdem muß einer der Stützstellenvektoren gelöscht
werden. Operationen mit symbolischen Objekten benötigen
viel Speicherplatz. Für eine intensivere Nutzung läßt sich das
angegebene Set von Prozeduren noch optimieren. So kommen
Sie mit nur zwei Vektoren beim Durchlauf aus.

Sie sollten als Ergebnispolynom

$$P(x) = 6.00E\text{-}12 + 14.17{*}X - 32.51{*}X\hat{}2 + 30.68{*}X\hat{}3 - 14.81{*}X\hat{}4 +$$
$$4.09{*}X\hat{}5 - 0.67{*}X\hat{}6 + 0.07{*}X\hat{}7 - 3.47E\text{-}3{*}X\hat{}8 + 7.72E\text{-}5{*}X\hat{}9$$

erhalten.

2.2.4. Interpolation mit kubischen Splines

Das wesentliche Problem, welches durch die Interpolation mit
Splines vermieden wird, ist die Welligkeit von Polynomen mit
großen Exponenten. Für viele technische Anwendungen gilt
die Verwendung kubischer Splines als ausreichend. Die Interpolation mit Splines beruht auf der Idee, die interpolierende
Funktion stückweise zu definieren. Durch die Stützstellen
ergibt sich eine Unterteilung des betrachteten Gesamtintervalls
$[x_0,x_n]$ in Teilintervalle. Für jedes Teilintervall wird ein
interpolierendes Polynom 3. Grades bestimmt, wobei dieses
Polynom durch die Forderung nach 'glattem' Anschluß an die
benachbarten Funktionsabschnitte vollständig festgelegt ist.

Gegeben sei das Interpolationsproblem

$$\{ (x_0,y_0) (x_1,y_1) .. (x_i,y_i) .. (x_n,y_n) \}.$$

Die Stützstellen seien monoton geordnet:

$$x_0 < x_1 < .. < x_i < .. < x_n.$$

Dann wird für x: $x_i \leq x \leq x_{i+1}$ mit dem Polynom:

$$P_i(x) = a_i + b_i(x - x_i) + c_i(x - x_i)^2 + d_i(x - x_i)^3$$

interpoliert, wobei die Forderungen (1),(2) und (3) erfüllt sein sollen und 0 <= i <= n-1 gelten soll. Die Abschnittspolynome werden zu einer Splinefunktion S(x) zusammengefügt mit der Forderung:

$$S(x) = P_i(x) \text{ falls } x_i \leq x \leq x_{i+1} \text{ und } i = 0,1, .. n-1.$$

Die Forderung nach glattem Verlauf in den Stützstellen heißt konkret: S(x) soll überall zweimal stetig differenzierbar sein. Das bedeutet für die Abschnittspolynome in den gemeinsamen Stützstellen:

$$P_i(x_i) = P_{i-1}(x_i) \qquad\qquad i = 1,..,n-1$$

1. $\qquad P'_i(x_i) = P'_{i-1}(x_i) \qquad\qquad i = 1,..,n-1$

$$P''_i(x_i) = P''_{i-1}(x_i) \qquad\qquad i = 1,..,n-1$$

In den Randpunkten erhebt man häufig die Forderung :

2. $\qquad P''_0(x_0) = 0 \; , \; P''_{n-1}(x_n) = 0$

In diesem Fall spricht man von *natürlichen* Splines in Anklang an den Biegungsverlauf von elastischen Linealen, von denen sich auch der Name 'SPLINE' herleitet. Ferner sollen die P_i in ihren Abschnitten durch die Stützpunkte gehen:

3. $\qquad P_i(x_i) = y_i \; \text{ und } \; P_{i-1}(x_i) = y_i \; i = 1 \, .. \, n-1$

Setzt man die Bedingungen 1 - 3 in Gleichungen zur Bestimmung der Koeffizienten a_i, b_i, c_i, d_i der Abschnittspolynome $P_i(x) = a_i + b_i(x - x_i) + c_i(x - x_i)^2 + d_i(x - x_i)^3$ ein, dann mündet deren Zusammenfassung in die folgenden Forderungen :

(a) $\qquad a_i = y_i \; \text{ für } \; i = 0,1,..,n$ $\qquad\qquad$ wegen 3.

(b) $c_0 = c_n = 0$ wegen 2.

(c) $h_{i-1}c_{i-1} + 2c_i(h_{i-1} + h_i) + h_i c_{i+1}$

$$= \frac{3}{h_i}(a_{i+1} - a_i) - \frac{3}{h_{i-1}}(a_i - a_{i-1})$$

$$i = 1,2,..,n-1$$

(d) $b_i = \dfrac{a_{i+1} - a_i}{h_i} - \dfrac{2c_i + c_{i+1}}{3} * h_i$ \qquad $i = 0,1,2,..,n-1$

(e) $d_i = \dfrac{c_{i+1} - c_i}{3h_i}$ \qquad\qquad $i = 0,..,n-1$

$$h_i = x_{i+1} - x_i$$

Unter den obigen Systemen ist nur (c) noch zu lösen, denn
(a), (d) und (e) sind bereits explizit und können durch Einsetzen bestimmt werden. Um den Umfang der Prozeduren gering zu halten, soll sich die Interpolation im Programmbeispiel
auf *äquidistante Stützstellen* beschränken. Damit gewinnt das
Problem die folgende Gestalt:

(a) $a_i = y_i$ \qquad\qquad $i = 0,1,..,n$

(b) $c_0 = c_n = 0$

(c) $hc_{i-1} + 4hc_i + hc_{i+1}$

$$= \frac{3}{h}(a_{i+1} - 2a_i + a_{i-1}) \qquad i = 1,2,..,n-1$$

(d) $b_i = \dfrac{a_{i+1} - a_i}{h} - \dfrac{2c_i + c_{i+1}}{3} * h$ \qquad $i = 0,1,2,..,n-1$

(e) $d_i = \dfrac{c_{i+1} - c_i}{3h}$ $i = 0,..,n-1$

h fest gewählt

Es zeichnet sich folgender Lösungsweg ab:

2.2.4.1 Das Gleichungssystem (c) lösen

2.2.4.2 In die Gleichungssysteme (d) und (e) einsetzen

2.2.4.3 Die Auswertung eines Koeffizientenquadrupels
(a_i, b_i, c_i, d_i).

2.2.4.1 Das Gleichungssystem lösen

In gewohnter Notation hat das Gleichungssystem (c) folgende
Gestalt:

$$4c_1 + c_2 + 0 + .. \qquad = 3/h^2(a_2 - 2a_1 + a_0)$$

$$c_1 + 4c_2 + c_3 + .. \qquad = 3/h^2(a_3 - 2a_2 + a_1)$$

$$0 + c_2 + 4c_3 + c_4 + \qquad = 3/h^2(a_4 - 2a_3 + a_2)$$

$$...$$

$$0 \qquad + c_{n-2} + 4c_{n-1} = 3/h^2(a_n - 2a_{n-1} + a_{n-2})$$

Anmerkungen:

1.   Man beachte, daß die Koeffizienten c_0 und c_n auf den
Wert 0 gesetzt wurden.

2.   Der Wert 'h' tritt durch Umformung nur noch auf der rechten Seite auf.

Der Algorithmus:

2.2.4.1.1:linke Seite des Gleichungssystems herstellen

2.2.4.1.2:rechte Seite des Gleichungssystems herstellen

2.2.4.1.3:Lösung bilden

2.2.4.1.1 *Die Matrix*

Spaltet man den Vektor $C = [\ c_1\ c_2\ ..\ c_{n-1}\ ]$ ab, so bleibt die Matrix

$$
\begin{array}{cccccc}
4 & 1 & 0 & 0 & .. & 0 \\
1 & 4 & 1 & 0 & .. & 0 \\
0 & 1 & 4 & 1 & .. & 0 \\
  &   & .. &   &   &   \\
0 & .. &   & 0 & 1 & 4 \\
\end{array}
$$

als 'linke Seite' herzustellen. Hierzu denke man sich die Zeilen der Matrix hintereinander aufgeschrieben. Dabei zeigt sich eine regelmäßige Struktur: nach '4','1' folgen (n-3)-mal '0' und '1 4 1' für alle n-1 Zeilen. Zuletzt muß lediglich eine überschüssige '1' wieder abgeschnitten werden. Dieser Vorgang lässt sich leicht umsetzen:

Prozedur ML:

```
« 4  1  1  N  3  -  START  IF  N  5  ==  THEN  0  ELSE  0  1
    N  5  -  START  DUP  NEXT  END  1  4  1  NEXT  DROP
    N  2  -  DUP  2  ->LIST  ->ARRY »
```

Anweisungen:	Erläuterung:
4 1	werden zunächst auf den Stack gebracht
1 N 3 - START .. NEXT	Die Anzahl der Stützpunkte ist N, daher läuft die äußere Schleife bis N-3, bei Numerierung der Stützpunkte von 1 bis N.
IF N 5 == THEN 0 ELSE .. END	'==' meint Test auf Gleichheit. Bei N=5 hat man noch eine 3*3-Matrix - weniger Stützpunkte schaffen zuviele Ausnahmeregelungen! Daß in beiden Fällen der Auswahl einmal 0 auf den Stack gelegt wird, liegt an der Schleifenstruktur, die Schleife wird mindestens einmal durchlaufen und muß daher korrigiert werden!
0 1 N 5 - START DUP NEXT	Im ELSE-Teil wird in erforderlicher Anzahl '0' auf den Stack geschrieben, und
1 4 1	angehängt.
DROP	Nach Abschluß der äußeren Schleife ist nur die letzte '1' zuviel!
N 2 - DUP 2 ->LIST ->ARRY	Das Ganze wird nun in eine (N-2)*(N-2)-Matrix umgewandelt, die einstweilen auf dem Stack verbleibt.

2.2.4.1.2 *Die rechte Seite*

Sie lässt sich in die Vektorform gebracht auch so schreiben:

$$3/h_2 * \begin{bmatrix} (a_2-a_1)-(a_1-a_0) \\ (a_3-a_2)-(a_2-a_1) \\ (a_4-a_3)-(a_3-a_2) \\ \ldots \\ (a_n-a_{n-1})-(a_{n-1}-a_{n-2}) \end{bmatrix}$$

Bild (2.2.11) Rechte Seite des Gleichungssystems

Diese Form wiederum kann leicht erzeugt werden, wenn man zunächst die Teildifferenzen bildet und auf dem Stack aufbewahrt.

Ebene:	Wert:
$2n-4$	$a_2 - a_1$
$2n-5$	$a_3 - a_2$
$2n-6$	$a_3 - a_2$
...	...
3	$a_{n-1} - a_{n-2}$
2	$a_{n-1} - a_{n-2}$
1	$a_n - a_{n-1}$

Bild (2.2.12) Stackbelegung für rechte Seite

Man bildet jetzt die Differenz für n-1 Paare und sichert jedes Ergebnis durch Verschieben ans Ende des Stack (durch Rollen). Man bedenkt dabei, daß der Stack jedesmal um eine Ebene schrumpft! Schließlich wird aus den n-1 Elementen ein Vektor geformt.

Für den Zugriff auf die Komponenten des Vektors VY wird die oben schon erläuterte Prozedur GTX sinngemäß umformuliert.

```
GTY:      « -> I « VY I 1 ->LIST GET » »

MR:       « 2  GTY  1  GTY  -  2  N  1  -  FOR  I  I  1  +  GTY  I
          GTY  -  DUP  NEXT  DROP  1  N  2  -  START  SWAP  -  DEPTH
          ROLLD  NEXT  N  2  -  1  ->LIST  ->ARRY  3  H  SQ  /  *  »
```

Anweisungen:	Erläuterung:
2 GTY 1 GTY -	Die a_i stimmen mit den y-Werten der Stützpunkte überein, werden im Vektor VY vorausgesetzt und mit der Prozedur GTY geholt. Hier die beiden ersten Komponenten, deren Differenz wird gebildet.
2 N 1 - FOR I I 1 + GTY I GTY - DUP NEXT	Die restlichen Teildifferenzen werden gebildet und müssen doppelt vorliegen..
DROP	.. bis auf die letzte!
1 N 2 - START SWAP - DEPTH ROLLD NEXT	Nun wieder paarweise Differenzen herstellen, die mit SWAP richtig angeordnet werden. DEPTH liefert den Parameter für ROLLD, aber *Achtung*: dazu muß bei Beginn der Prozedur der Stack leer sein!!
N 2 - 1 ->LIST ->ARRY	Die Komponenten werden im Vektor versammelt.
3 * H SQ /	Der Vektor wird mit seinem Koeffizienten multipliziert. Die Schrittweite H muß zuvor abgespeichert werden.

2.2.4.1.3 *Gleichungssystem lösen*

Die Lösung des Gleichungssystems für den Vektor
$C = [c_1 \ c_2 \ .. \ c_{n-1}]$ bestimmt sich leicht aus der jetzt
vorliegenden linken und rechten Seite des Gleichungssystems.
c_0 und c_n waren beide mit dem Wert 0 vorausgesetzt und
müssen noch in den Lösungsvektor eingefügt werden. Diese
weiteren Schritte führt die Prozedur MC durch.

```
MC:       « MR  ML  /  0 SWAP  ARRY->  DROP  0  N  1  ->LIST   ->ARRY
                'VC'  STO »
```

Anweisungen:	Erläuterung:
MR ML /	.. die Lösung des Gleichungssystems befindet sich als Vektor auf dem Stack.
0 SWAP ARRY-> DROP 0	Die Ergänzung des Lösungsvektors wäre mit dem internen Befehl RDM möglich, aber umständlich, denn RDM fügt nur am Ende des Feldes 0 an. Daher legt man 0 oberhalb vom Lösungsvektor auf den Stack, reiht darunter die Komponenten des Vektors, fügt am Ende 0 an und ..
N 1 ->LIST ->ARRY 'VC' STO	.. speichert den neu geformten Vektor unter dem Namen VC ab.

2.2.4.2 Die restlichen Koeffizienten bestimmen

Nachdem die Koeffizienten a_i und c_i vollständig vorliegen, erhält man in zwei weiteren Schritten die Koeffizienten b_i und
d_i durch Einsetzen. Die Bestimmungsgleichungen lauteten:

$$b_i = \frac{a_{i+1} - a_i}{h} - \frac{2c_i + c_{i+1}}{3} * h \qquad i = 0,1,2,..,n-1$$

$$d_i = \frac{c_{i+1} - c_i}{3h} \qquad i = 0,..,n-1$$

Für die Bestimmung der b_i und d_i verwende man eine Variation der Prozedur GTY : sie heiße GTC.

```
« -> I « VC I 1 ->LIST GET » »
```

Anmerkung zum Editieren:
Sie müssen solche sehr ähnlich lautenden Prozeduren nicht jedesmal neu eintippen! Rufen Sie die vorhandene Prozedur mit RCL ins Display. Dann lässt sich der Prozedurtext mit der Funktion EDIT nach Wunsch abändern. Achten Sie gegebenenfalls darauf, daß die Funktionen zum Überschreiben und Löschen, INS und DEL, sowie zur Steuerung der Schreibmarke, nur verfügbar sind, wenn die Menuzeile keine andere Tastenbelegung vorgibt!

Die Berechnung der b_i

Sie ergibt sich in Analogie zur rechten Seite des Gleichungssystems, wie in 2.2.4.1.2 formuliert. Statt auf die a_i wird wieder auf die Komponenten des Vektors VY zugegriffen.

```
MB:      « 1 N 1 -  FOR I  I 1 +  GTY I GTY -  H / I 1 +
         GTC I GTC 2 *  +  H * 3 / -  NEXT N 1 - 1
         ->LIST ->ARRY 'VB' STO »
```

Anweisungen:	Erläuterung:
`1 N 1 - FOR I .. NEXT`	Die Schleife führt die Laufvariable I bis N-1
`I 1 + GTY I GTY - H` `/`	Der erste Teilterm ..
`I 1 + GTC I GTC 2 *` `+ H * 3 / -`	.. und der zweite Teilterm sowie schließlich ihre Differenz werden gebildet.
`N 1 - 1 ->LIST` `->ARRY 'VB' STO`	Die Ergebnisse erhalten wieder die Form eines Vektors, hier 'VB'.

Schließlich wird die Prozedur zur Berechnung der d_i ohne weiteren Kommentar angeführt:

MD:

```
     « 1 N 1 - FOR I  I 1 + GTC I GTC - 3 / H /
       NEXT N 1 - 1 ->LIST ->ARRY 'VD' STO »
```

Zusammenfassung

```
ML:   « 4  1  1  N  3  -  START  IF  N  5  ==  THEN  0  ELSE
           0  1  N  5  -  START  DUP  NEXT  END  1  4  1  NEXT
           DROP  N  2  -  DUP  2  ->LIST  ->ARRY »


GTY:  « ->  I  « VY  I  1  ->LIST  GET »  »


GTC:  « ->  I  « VC  I  1  ->LIST  GET »  »


MR:   « 2  GTY  1  GTY  -  2  N  1  -  FOR  I  I  1  +  GTY  I
           GTY  -  DUP  NEXT  DROP  1  N  2  -  START  SWAP  -  DEPTH
           ROLLD  NEXT  N  2  -  1  ->LIST  ->ARRY  3  H  SQ  /  * »


MC:   « MR  ML  /  0  SWAP  ARRY->  DROP  0  N  1  ->LIST  ->ARRY
           'VC'  STO »


MB:   « 1  N  1  -  FOR  I  I  1  +  GTY  I  GTY  -  H  /  I  1  +
           GTC  I  GTC  2  *  +  H  *  3  /  -  NEXT  N  1  -  1
           ->LIST  ->ARRY  'VB'  STO »
```

MD: siehe oben

2.2.4.3 Zur Auswertung der Splinekoeffizienten

Die Formulierung des Auswertungsteils als Prozedur engt den
Speicherbereich für die Daten stark ein, daher soll die
Auswertung interaktiv durchgeführt werden, obwohl eine
Programmierung sicher nicht schwierig ist.

Zur Beurteilung der Güte der Interpolation bildet eine Funktion verhältnismäßig geringer 'Welligkeit' das Maß: es sei
$f(x) = e^x$ mit den Stützstellen 0, 0.5, 1, 1.5, .. ,4 zu
interpolieren.

1. Den Vektor VY bilden:

Geben Sie die Argumente von 0 , 0.5 , .. , 4 ein und bilden
den Funktionswert über den Aufruf von EXP im *LOGS*-Menu.
Schließen Sie mit { 9 } ab, formen mit ->*ARRY* zum Vektor
um und speichern unter 'VY'

2. Die Koeffizienten c_i, b_i und d_i bestimmen:

Speichern Sie zunächst 0.5 in der Variablen 'H' (für die
Schrittweite) und 9 unter 'N' (für die Zahl der Stützstellen).
Für die Prozedur MR sollte der Stack leer sein! Rufen Sie
MC, MB und MD auf.

Anmerkung:
Wenn Sie vorher schon Lösungen bestimmt haben, und die
Vektoren VC, VB und VD abgespeichert sind, dann wird der
HP 28C unter Umständen das Programm wegen zu geringer
Speicherkapazität abbrechen. Daher sollten Sie die
entbehrlichen Variablen (mit PURGE) löschen!

3.   Das Polynom für ein Intervall bilden:

Die Indizes werden jetzt immer von 1 an gezählt, da der
Index 0 für die Funktion GET nicht verfügbar ist. Es werde
etwa das Intervall [2.5 , 3] gewählt. Dann enthält

Ebene:	Anzeige:	Kommentar:
4:	12.1824939607	(= a_6 ; VY [6} GET)
3:	12.3266668585	(= b_6 ; VB {6} GET)
2:	6.48043280554	(= c_6 ; VC [6} GET)
1:	0.956810654766	(= d_6 ; VD {6} GET)

Bilden Sie nun das Polynom in der Form

$$P_6(x) = a_6 + (b_6 + (c_6 + d_6(x-2,5))(x-2,5))(x-2,5).$$

Dazu geben Sie 'X - 2,5' ein und speichern unter dem Namen 'T'.

Anschließend rufen Sie T wieder auf, nehmen mit d_6 mal, indem Sie '*' drücken, addieren dazu c_6, multiplizieren wieder mit T .. insgesamt dreimal. Das so entstandene Polynom speichern Sie vom *SOLV*-Menu aus mit STEQ ab und können nun aus dem *SOLVR*-Menu den Term auswerten. Dabei ergeben sich folgende Abweichungen zur Originalfunktion f(x):

Argument x:	Abweichung:
2,5	0
2,6	0,017
2,7	0,035
2,8	0,045
2,9	0,037
3	0

Für das Intervall [0.5 , 1] erhält man entsprechend das Polynom:

$$P_2(x) = 1,65 + (1,61 + (0,94+0,23*(x-0,5))*(x-0,5))*(x-0,5)$$

mit den Abweichungen (gerundet) :

Argument x:	Abweichung:
0,5	0
0,6	0,0027
0,7	0,0033
0,8	0,0026
0,9	0,0012
3	0

Die Werte der Abweichung wurden jeweils gerundet.

2.3 Approximation

Als Zweck der Approximation gilt herkömmlich die bestmögliche Darstellung von Funktionen, die durch eine Zuordnungsvorschrift oder eine Wertetabelle gegeben sind.

'Bestmögliche Darstellung' heißt:

1. Wenn bereits eine Zuordnungsvorschrift bekannt ist, dann wird eine neue Zuordnungsvorschrift gesucht, die weniger Rechenaufwand erfordert oder sonst leichter zugänglich ist, als der eigentliche Funktionsterm (für Differentiation, Integration, Nullstellenbestimmung und ähnliches). Der HP 28 verfügt über eingebaute Prozeduren, die die hier genannten Zwecke der Approximation zum Teil direkt erfüllen. Insbesondere besitzt er die Fähigkeit, zu gegebenen Funktionen Polynome nach dem MacLaurin-Ansatz zu bilden. Diese Funktionstransformation wird bei internen Lösungsprozessen benutzt, so beispielsweise beider Integration und durch die Prozedur QUAD, welche zur Lösung von Gleichungen eine MacLaurinreihe zweiten Grades benutzt .

2. Wenn eine Wertetabelle gegeben ist, dann muß der gesuchte Funktionsterm nicht notwendig sämtliche in der Tabelle erfassten Stützpunkte durchlaufen, wie bei der Interpolation, sondern soll nur einen Trend der Stützpunkte zum Ausdruck bringen. Dafür sind die durch Interpolation bereitgestellten Polynome unter Umständen zu unhandlich. Darüber hinaus kann ein vorliegender Trend möglicherweise durch starke Schwankungen des Interpolationspolynoms eher verdeckt als verdeutlicht werden. Im Extremfall läßt bereits eine Gerade einen solchen Trend erkennen.

Zunächst soll eine Wertetabelle approximiert werden. Im allgemeinen setzt man zur Approximation eine bestimmte Funktionenklasse an, aus der dann dasjenige Exemplar gewählt wird, welches gemäß einer noch zu bestimmenden Fehlerordnung der Wertetabelle optimal angepasst ist.

Als Verfahren soll die *Gaußsche Fehlerquadratmethode*, als Funktionenklasse *Polynome* zur Konstruktion der Approximationsfunktionen gewählt werden.

Die *lineare Regression* stellt einen besonderen Anwendungsfall des Verfahrens dar und ist als Statistikfunktion bereits fest eingebaut. Die Anwendung der linearen Regression kommt im nächsten Abschnitt ergänzend zur Darstellung.

Die Gaußsche Fehlerquadratmethode soll aber nicht als Mittel der Darstellung gegebener Funktionen benutzt werden, da der HP 28 über weitgehende Möglichkeiten zur Analyse und Auswertung von Funktionen verfügt. Die Entwicklung von Taylorreihen kommt im abschließenden Abschnitt des Kapitels zur Darstellung. Die Bestimmung von Approximationspolynomen wird sich nur auf Wertetabellen beziehen. Andere Verfahren, wie die Approximation nach Tschebyscheff, werden nicht als Algorithmus entwickelt.

2.3.1   Approximation durch Polynome nach Gauß

Das Approximationsproblem:

Es seien m+1 Wertepaare (x_0,y_0), (x_1,y_1), .. ,(x_m,y_m) gegeben. Die Stützstellen x_i müssen nicht notwendig paarweise verschieden sein. Dann werden zum vorgewählten Grad n die Koeffizienten a_0, a_1, .. ,a_n einer ganzrationalen Funktion $P(x) = a_0 + a_1 x + ..+ a_n x^n$ gesucht, für die die Summe der Fehlerquadrate

$$S = \sum_{i=0}^{m} g_i * (P(x_i) - y_i)^2 \text{ minimal wird.}$$

Definition (2.3.1) Fehlerquadrate

Die Gewichte g_i werden hier mit 1 angenommen, so daß

$$S = \sum_{i=0}^{m} (P(x_i) - y_i)^2 \text{ angesetzt werden kann.}$$

Definition (2.3.2) Fehlerquadrate

Die Lösung des Problems führt über die partiellen Ableitungen der Summe nach den Koeffizienten $a_0, a_1, .. , a_n$ zu dem Gleichungssystem:

$$a_0(m+1) + a_1 \Sigma x_i \qquad + .. \qquad + a_n \Sigma x_i^n \qquad = \Sigma y_i$$

$$a_0 \Sigma x_i \quad + a_1 \Sigma x_i^2 \qquad + .. \qquad + a_n \Sigma x_i^{n+1} \qquad = \Sigma y_i x_i$$

$$...$$

$$a_0 \Sigma x_i^n \quad + a_1 \Sigma x_i^{n+1} \qquad + .. \qquad + a_n \Sigma x_i^{2n} \qquad = \Sigma y_i x_i^n$$

Definition (2.3.3) Bestimmungsgleichungen Approximation

Der Lösungsgang auf dem Rechner besteht in der Bereitstellung der linken und der rechten Seite des Gleichungssystems als Matrix beziehungsweise Vektor. Der Lösungsvektor enthält die Koeffizienten $a_0, a_1, .. , a_n$, aus denen das gesuchte Polynom als Term zur Weiterverarbeitung konstruiert wird.

Die Programmidee zur Ermittlung der Matrixelemente beruht auf der Beobachtung, daß von der zweiten Zeile an nur jeweils ein Element (am Ende der Zeile) wirklich neu hinzukommt. Die Matrixelemente stellen Summen dar, deren Summanden als Potenzen leicht gebildet werden können.

Zur Berechnung der Summen:

Die einheitliche Struktur der Matrixelemente kann zu der Überlegung führen, ob man zur Berechnung der x_i^k die x_i^{k-1} verwenden kann. Als Argument dafür läßt sich anführen, daß die schrittweise Multiplikation Fehler vermeidet, die bei der Potenzierung entstehen können. Die x_i müssen dazu in einem Stützstellenvektor VX gegeben sein. Allerdings wäre dann sowohl ein Zugriff auf die Komponenten des Vektors VX als auch auf die Komponenten des Potenzvektors zu implementieren, wodurch der Programmcode aufgebläht würde. Eine recht elegante, weil umständliche Schleifen vermeidende Vorgehensweise wäre die Anordnung der Stützstellenwerte x_i auf der Hauptdiagonalen einer Matrix, die durch schrittweise Multiplikation mit der Ausgangsmatrix die gesuchten Potenzen auf der Hauptdiagonalen enthält.

Sei A die (m+1)-dimensionale Einheitsmatrix, deren Hauptdiagonalelemente durch die Komponenten vom Stützstellenvektor $VX = [x0,..,xm]^T$ ersetzt werden. Ein Verfahren, das diese Ersetzung durchführt, ist im Kapitel über Splines dargestellt. Dann sind mit B:=A und nach (k-1)-maliger Multiplikation A := A*B die Elemente der Hauptdiagonalen gerade die k-ten Potenzen der Komponenten des Stützpunktevektors. Dieser Vorgang ist ersichtlich dem Befehlsvorrat des HP 28 gut angepasst. Andererseits müssen allein zwei Hilfsmatrizen im Speicher gehalten werden, die unter Umständen aufgrund der Größe des Stützstellenvektors den Speicher sprengen. Der Algorithmus sollte aus dem genannten Grund darauf ausgelegt sein, möglichst selten Daten in den Speicher zu legen, die nicht unmittelbar benötigt werden. Daher wird hier die ursprüngliche Idee der Potenzierung der Komponenten des Stützstellenvektors weitergeführt.

2.3.1.1   Der Algorithmus

```
Eingabe:
   Stützstellenvektor VX
   Stützwertevektor VY,Polynomgrad N
```

Bild (2.3.4) Der Eingabeteil

```
Für I:0..N wiederhole
        berechne Summe der I.Potenzen
        der Stützstellen
        (die Koeffizienten der 1.Zeile)
Für I:N+1..2N wiederhole
        dupliziere die letzten N
        Elemente, berechne Summe der
        I.Potenz der Stützstellen xi
Fasse zu Matrix zusammen
```

Bild (2.3.5) Matrix berechnen

```
Für I:0..N wiederhole
        berechne I.Potenzen von xi,
        nimm mit yi mal, summiere
Fasse zu Vektor zusammen
```

Bild (2.3.6) Rechte Seite des Gleichungssystems

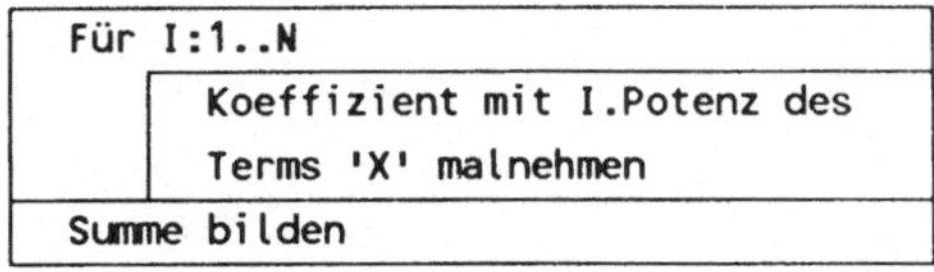

Bild (2.3.7) Polynom herstellen

Eingabe
Matrix berechnen
Rechte Seite berechnen
Lösung berechnen
Polynom herstellen

Bild (2.3.8) Das Programm 'Approximation'

2.3.1.2 Das Programm

2.3.1.2.1 Der Eingabeteil

Für die Eingaberoutine wird hier die Annahme gemacht, daß
das Programm experimentell unter verschiedenen als günstig
vermuteten Polynomgraden den passenden Grad N auswählen
hilft. Daher wird die Eingabe der Stützpunktvektoren nicht
jedesmal vom Programm durchgeführt, sondern der Benutzer
sorgt für die Speicherung der Vektoren, die für neue Pro-
grammläufe zur Verfügung stehen. Der Benutzer achtet auf
die korrekte Anzahl sowie Reihenfolge und Benennung der
Vektoren und ihrer Komponenten. Der Polynomgrad N sollte
dagegen jedesmal vom Programm erfragt werden. Diese Ab-
frage wird der Einfachheit halber im Hauptprogramm durchgeführt. Für andere Fälle kann eine passende Eingaberoutine
geschneidert werden, die im Hauptprogramm aufgerufen wird.

2.3.1.2.1 Die Matrix berechnen

Der Algorithmus in Bild (2.3.5) enthält als Kernfunktion die Berechnung der Summe der I-ten Potenzen der Komponenten des Stützstellenvektors VX. Diese Kernfunktion gilt es zu konstruieren. Zur Berechnung der Matrix und der rechten Seite des Gleichungssystems wird sie mehrfach benötigt.

Das STAT-Menu stellt zur Bestimmung der Spaltensummen einer Matrix die Funktion TOT zur Verfügung. Das Einlesen der Daten in die Statistikmatrix über die vordefinierten Funktionen macht dann einen Sinn, wenn die Daten sonst mit Statistikfunktionen weiterbehandelt werden sollen. Insbesondere müssen die Daten in passender Anordnung vorliegen. Das bedeutet hier, daß die Koordinaten der Stützpunkte als Paare jeweils eine Zeile der Statistikmatrix bilden müssen. Will man auf alle Stützstellen zugreifen, dann muß man zunächst den Zugriff auf alle Koordinatenpaare organisieren. Der entstehende Aufwand rechtfertigt sich nur, wenn man verschiedene Statistikfunktionen nutzen will.

Es soll hier ein anderer Weg eingeschlagen werden. Stützstellen und Stützwerte ergeben jeweils einen Vektor, der die gewünschten Werte für die benötigten Rechenoperationen bereitstellt. Wenn man die Funktion DOT nutzt, die das Skalarprodukt zweier Vektoren bildet, dann braucht man die Summenbildung nicht gesondert zu programmieren.

Dazu sei die Funktion IPOT so spezifiziert: sie nimmt zwei Parameter vom Stack, nämlich eine natürliche Zahl I und einen Stützstellenvektor VX = [x1,..,xm], und liefert einen Vektor mit den I-ten Potenzen der Komponenten von VX: $[x_1^I,..,x_m^I]$ zurück. Damit läßt sich die Summe der I-ten Potenzen so formulieren:

'I 1 - IPOT VX DOT' . Durch das Skalarprodukt wird aus den vorliegenden (I-1)-ten Potenzen zunächst die I-te Potenz und danach die Summe gebildet.

IPOT :

```
« -> I « VX ARRY-> M  1 + ROLLD  1  M  START  I  ^  M  1 +
   ROLLD NEXT ->ARRY » »
```

Anweisungen:	Erläuterung:
-> I « VX ARRY-> M 1 + ROLLD	Die Potenz I muß auf dem Stack liegen und wird als lokale Variable verwendet. Der Vektor VX wird auf den Stack geholt und in seine Komponenten zerlegt. In Ebene 1 bleibt der Längenparameter in der Form {M} auf dem Stack. Da er in gleicher Form später benötigt wird, wandert er zunächst ans andere Ende der Koeffizientenkette. Die Variable M muß mit der Anzahl der Komponenten richtig initialisiert werden.
1 M START I ^ M 1 + ROLLD NEXT	Die Schleife führt reihum die Potenzierung der Komponenten durch und befördert die potenzierten Elemente ans Ende der Koeffizientenkette.
->ARRY	Da der Längenparameter nach Durchlauf der Schleife wieder in Ebene 1 des Stack ansteht, kann er zur Rückverwandlung in Vektorform benutzt werden.

Damit läßt sich die Matrix herstellen.

MAT:

```
« M 0 N 1 - FOR I I IPOT VX DOT NEXT N 2 N * 1 - FOR I
  N DUPN I IPOT VX DOT NEXT N 1 + DUP 2 ->LIST
  ->ARRY »
```

Benutzte Funktionen:
FOR, NEXT aus dem BRANCH-Menu,
DOT, ->ARRY aus dem ARRAY-Menu,
DUPN, DUP, ->LIST aus dem STACK-Menu

Anweisungen:	Erläuterung:
`M 0 N 1 - FOR I I IPOT VX DOT NEXT`	Die erste Zeile wird erzeugt. M gibt die Zahl der Stützstellen an (vergl.(2.3.3)), und verbleibt als das erste Element der Matrix auf dem Stack. 0 und N-1 stellen Unter- und Obergrenze der Schleife dar. Für I = 0 wird die Summe der Stützstellen gebildet. Der Schleifenparameter I ist jeweils um 1 kleiner als der geforderte Exponent, der erst durch die Funktion DOT zustande kommt, dabei entsteht auch die Summe.
`N 2 N * 1 - FOR I N DUPN I IPOT VX DOT NEXT`	Alle weiteren Zeilen benötigen nur je ein neues Element. Die letzten N Elemente der vorherigen Zeile werden dupliziert, das neue Element entsteht auf bekannte Weise und erhält seinen Platz dahinter.

Anweisungen:	Erläuterung:
`N 1 + DUP 2 ->LIST` `->ARRY`	Für die Formatierung der Stackelemente zu einer (N+1)*(N+1)-Matrix muß der Größenparameter in der Form { N+1 N+1 } bereitgestellt werden, danach formieren sich die Elemente auf dem Stack zum eben bemessenen Array.

2.3.1.2.2 Die rechte Seite des Gleichungssystems

Für die Lösung des Gleichungssystems wird die rechte Seite als Vektor erzeugt.

RS:

```
« 0 N FOR I I IPOT VY DOT NEXT N 1 + 1 ->LIST ->ARRY »
```

Anweisungen:	Erläuterung:
`0 N FOR I I IPOT VY DOT` `NEXT`	Im Unterschied zum Aufruf in der Prozedur MAT wird hier von IPOT die I-te Potenz gebildet und erst beim Skalarprodukt mit VY die Summe erstellt.
`N 1 + 1 ->LIST ->ARRY`	Der Längenparameter { N+1 } muß zur Vektorbildung auf dem Stack liegen.

Nachdem im Hauptprogramm die Lösung des Gleichungssystems angefordert wurde, sollen die Koeffizienten nun in einem Funktionsausdruck als Polynom dargestellt werden. Dieses Polynom kann in der Variablen EQ gespeichert und für die weitere Auswertung an jeweils gewünschten Stellen des Definitionsbereichs benutzt werden. Zu einem Überblick über den Verlauf des Graphen wird man zudem die Funktionen des PLOT-Menus benutzen. Hat man die Stützpunkte in der Statistikmatrix gespeichert, so kann man bei passender Wahl der Plotparameter Stützpunkte und Graph gemeinsam betrachten und so die Güte der Funktion bewerten.

2.3.1.2.3 Das Approximationspolynom

POLY:

```
« N 1 FOR I 'X' I ^ * N 1 + ROLLD -1 STEP N 1 + ROLLD
   1 N START + NEXT »
```

Benutzte Funktionen:
FOR, NEXT, START aus dem BRANCH-Menu,
ROLLD aus dem STACK-Menu

Die Prozedur POLY entspricht der gleichnamigen Prozedur aus dem Kapitel Interpolation bis auf die unterschiedliche Verwendung der Laufvariablen N, die dort die Anzahl der Stützstellen wiedergab, also um 1 größer war, als der Polynomgrad.

Das Programm APPRO fasst die Prozeduren zusammen und stellt, soweit als erforderlich angesehen, deren Eingabewerte bereit.

APPRO:

```
« 'N' STO VX SIZE LIST-> DROP 'M' STO RS MAT / ARRY->
   DROP POLY »
```

Benutzte Funktionen:
SIZE, ARRY-> aus dem ARRAY-Menu,
LIST-> aus dem STACK-Menu oder LIST-Menu.

Anweisungen:	Erläuterung:
`'N' STO VX SIZE LIST->` `DROP 'M' STO`	Das Programm erwartet den Polynomgrad N auf dem Stack. Die Eingabevektoren VX, VY werden im Speicher unter diesen Namen vorausgesetzt. Der Längenparameter M mit der Anzahl der Stützwerte kann natürlich zur Verkürzung des Programms ebenfalls vor dem Programmstart abgespeichert werden, dann reduziert sich der Eingabeteil des Programms auf die erste Speicheranweisung.
`RS MAT /`	Die Lösung wird bestimmt.
`ARRY-> DROP POLY`	Die Komponenten des Lösungsvektors erscheinen auf dem Stack, die Längenangabe kann gelöscht werden und schließlich wird das Polynom in gewohnter Schreibweise in der obersten Stackebene zurück gelassen.

2.3.1.2.4 Die Summe der Fehlerquadrate

Um die Güte der Approximationsfunktion zu bewerten, läßt sich neben dem Graph oder der genaueren Auswertung in der Nähe bestimmter Stellen die Summe der Fehlerquadrate zugrunde legen. Die Summe der Fehlerquadrate kann auch zum Vergleich mit weiteren Approximationsfunktionen herangezogen werden. Freilich kann für einzelne Fälle und wenige Stützstellen leicht eine Berechnung durch Direkteingabe erfolgen. Man speichert den gewonnenen Funktionsterm in der Variablen EQ und steigt über das SOLV-Menu in das SOLVR-Menu hinab. Hier bildet man aus den Stützstellen im Vektor VX die Funktionswerte. Andererseits erweist sich beim Vergleich von Approximationsfunktionen eine kleine Routine

als nützlich, die die Summe der Fehlerquadrate berechnet.
Vergleichen Sie Definition (2.3.2).

$$S = \sum_{i=0}^{m} (P(x_i) - y_i)^2 \text{ soll berechnet werden.}$$

Das Approximationspolynom muß dafür schon bekannt sein.
Es sei in der Variablen EQ gespeichert.

Die Idee:

Man bildet zunächst den Vektor
$V = [\ P(x_0), P(x_1), .., P(x_m)\ ]$, dann den Differenzvektor zu VY
also: V - VY. Wendet man auf das Ergebnis die Funktion ABS
an, so erhält man die Quadratwurzel aus S. (vgl. dazu die Definition von ABS im Kapitel ARRAY)

Zur Berechnung der Fehlerquadratsumme wird im folgenden
eine Prozedur AUSWERT angegeben, die den Vektor V bestimmt.

Sollten Zweifel bestehen, ob der Speicher reicht, dann verwendet man die Kurzversion von AUSWERT:

```
« 'X' STO EQ EVAL M ROLLD »
```

Die Langversion von AUSWERT:

```
« ARRY-> M 1 + ROLLD 1 M START 'X'  STO EQ EVAL M
  ROLLD NEXT M 1 + ROLL ->ARRY »
```

Anweisungen:	Erläuterung:
`ARRY-> M 1 + ROLLD`	Vektor VX sollte in Ebene 1 des Stack liegen. Er wird in seine Komponenten aufgelöst, und der Längenparameter { M } wandert ans Ende der Komponentenkette.

Anweisungen:	Erläuterung:
`1 M START 'X' STO EQ EVAL M ROLLD NEXT`	Die Schleife wertet alle Komponenten von VX aus und transportiert sie ans Ende der Komponentenkette.
`M 1 + ROLL ->ARRY`	Der Längenparameter wird geholt und der Vektor V geformt.

Voraussetzung für den Aufruf von AUSWERT ist das in der Variablen EQ abgespeicherte Approximationspolynom sowie der Vektor VX in Ebene 1 des Stack. Ergebnis der Prozedur ist der Vektor $V = [P(x_0), P(x_1),.., P(x_m)]$. Rufen Sie anschließend Vektor VY in Ebene 1 des Stack und bilden Sie die Differenz der beiden Vektoren, die auch wieder in Vektorform vorliegt. Rufen Sie die Funktion ABS auf. Quadrieren Sie das Ergebnis.

2.3.1.3 Protokoll eines Lösungsganges

1. Geben Sie die Prozeduren und das Programm ein:

```
IPOT:    « -> I « VX ARRY-> M 1 + ROLLD 1 M START I
         ˆ M 1 + ROLLD NEXT ->ARRY » »

MAT:     « M 0 N 1 - FOR I I IPOT VX DOT NEXT N 2
         N * 1 - FOR I N DUPN I IPOT VX DOT NEXT
         N 1 + DUP 2 ->LIST ->ARRY »

RS:      « 0 N FOR I I IPOT VY DOT NEXT N 1 + 1
         ->LIST ->ARRY »

POLY:    « N 1 FOR I 'X' I ˆ * N 1 + ROLLD -1
         STEP N 1 + ROLLD 1 N START + NEXT »
```

APPRO: « 'N' STO VX SIZE LIST-> DROP 'M' STO RS MAT
         / ARRY-> DROP POLY »

2. Geben Sie die Stützpunkte ein:
[1 2 3 4 5 6] 'VX STO

[1 0 -2 1 0 -2] 'VY STO

3. Zum Vergleich sollen nun einige Approximationspolynome
bestimmt werden.

Rufen Sie das Programm mit:
2 APPRO auf.

Sie erhalten den Term 0.7 - 0.22*X - 0.02*X^2.
(Alle Stellen: 0.7 - 0.217857142857*X - 1.78571428572E-2*X^2.)

Zur weiteren Verwendung sollten Sie nun mit STEQ den gewonnenen Funktionsterm in der Variablen EQ abspeichern.

Für die Fehlerquadratsumme ergibt sich der Wert
7.26428571425.

Der Aufruf:
3 APPRO liefert den Term: 7. - 8.14*X + 2.61*X^2 - 0.25*X^3.

(Alle Stellen: 7.00000000278 - 8.14285714647*X + 2.60714285837*X^2 -
0.250000000119*X^3)

Die Fehlerquadratsumme lautet: 3.21428571414 .

Zum Polynomgrad 5 schließlich erhält man das Polynom:

-47 + 104.4*X - 79*X^2 + 26.37*X^3 - 4*X^4 + 0.22*X^5

(Alle Stellen: -46.9994283739 + 104.398789777*X - 78.9991056272*X^2 + 26.3747025745*X^3 - 3.99995451665*X^4 + 0.224997400789*X^5)

Die Fehlerquadratsumme lautet: 3.86042217099E-10.

Achten Sie jeweils auf Speicherung des Funktionsterms.

Hinweis zur Speicherbelegung:
Für die angegebenen Berechnungen waren die oben angegebenen Prozeduren IPOT bis APPROX sowie AUSWERT im Speicher vorhanden und die (speicherintensiven) Optionen COMMAND, LAST und UNDO inaktiv. Der Versuch, ein Approximationspolynom 6. Grades zu bilden scheiterte aus Speichergründen. Dieser Versuch wäre im Rahmen der Interpolation gelungen und diente hier nur der Verdeutlichung der Speicherproblematik. Aus dem Lösungsprozess ergibt sich, daß der Polynomgrad N durch den Umfang des Gleichungssystems stärkeren Einfluß auf die Speicherbelegung hat, als die Zahl der Stützstellen M. Nach Löschen der Prozedur AUSWERT läßt sich ein Polynom zu der Approximationsaufgabe:

VX : [1 2 3 4 5 6 7 8 9 10 11 12]
VY : [1 0 -2 1 0 -2 1 0 -2 1 0 -2] bilden.

Das Interpolationspolynom 5. Grades lautet dann:

7 - 8.96*X + 3.72*X^2 -0.68*X^3 + 5.74E-2*X^4 -1.78E-3*X^5

(Alle Stellen: 6.99999409251 - 8.95883530228*X + 3.72035281612*X^2 -0.684735445087*X^3 + 5.73580175503E-2*X^4 -1.78167218995E-3*X^5)

Die Fehlerquadratsumme lautet: 13.1196009898

4. Zur Auswertung des Funktionsterms

Für die Auswertung des Funktionswertes an einzelnen Stellen
sollte der gewonnene Funktionsterm in der Variablen EQ abgespeichert werden. Sichern Sie, daß der Funktionsterm in
Ebene 1 des Stack vorliegt. Rufen Sie das SOLV-Menu auf
und speichern mit STEQ. Das SOLVR-Menu bietet die Möglichkeit, durch Drücken der Menu-Taste für X aus Ebene 1
einen Wert in die Variable X zu übernehmen und anschließend mit EXPR= den Funktionswert zu bilden.

5. Zur graphischen Darstellung
Die Graphikauswertung setzt als Beispiel das Polynom 5. Grades voraus. Nach dem vorausgegangenen Lösungsprozess mit
Bestimmung der Fehlerquadratsumme findet sich der Funktionsterm in der Variablen EQ, so daß die Graphik bei passenden Plotparametern sofort aufgerufen werden könnte. Ist der
Funktionsterm nicht mehr verfügbar, dann bilden Sie ihn erneut und speichern in EQ. Benutzen Sie hierzu das
SOLV-Menu. Um einen ersten Überblick zu erhalten, rufen
Sie DRAW aus dem PLOT-Menu auf. Die voreingestellten Plotparameter sind meist nicht geeignet gewählt, so daß Sie mit ON
die Graphik verlassen. Blättern Sie eine Menuzeile im Plot-
menu weiter, um die mit PPAR bezeichneten Plotpara
meter zu ändern. Geben Sie
'PPAR' VISIT ein und überschreiben den nun

erscheinenden Ausdruck so:
    ((0,-5) (6,3) X 1 (0,0)) ENTER .

Durch den Befehl DRAW erhalten Sie den Graph der Approximationsfunktion. Achtung: Der Abstand der Markierungen
auf den Achsen ändert sich nicht mit bei Änderung der Plotparameter, daher können Sie im Falle einer Änderung keine
unmittelbaren Aussagen über die Größenordnung von Koordinaten machen.

Folgende kleine Prozedur zeigt die Stützpunkte zusammen mit
dem Graph:

DRW: « CLLCD DRWΣ DRAW »

CLLCD löscht das Graphikdisplay. DRWΣ zeichnet die Punkte, deren Koordinaten jeweils aus der ersten und zweiten Spalte der gegenwärtigen Statistikmatrix entnommen werden. DRAW schließlich bildet den Graph der Approximationsfunktion ab.

Die Vektoren VX und VY können in einfacher Weise in die Statistikmatrix übertragen werden. Wechseln Sie ins *STAT*-Menu. Sollten Daten in der Statistikmatrix vorhanden sein, dann löschen Sie die Daten mit CLΣ oder übertragen sie in einen Zwischenspeicher, Sie erleichtern sich damit den Überblick. Legen Sie nun zunächst VX auf den Stack und speichern mit Σ+. Verfahren Sie mit VY in gleicher Weise, achten Sie dabei auf die Reihenfolge der beiden Speichervorgänge. VX und VY bilden jetzt die ersten beiden *Zeilen*, sie sollen aber in den ersten beiden *Spalten* der Statistikmatrix enthalten sein.

Diese Anordnung ergibt sich durch Transponierung der Statistikmatrix mit dieser Anweisungsfolge:

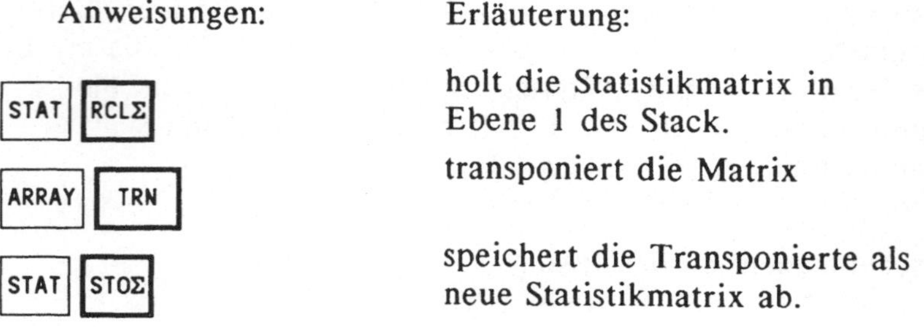

Anweisungen:	Erläuterung:
STAT RCLΣ	holt die Statistikmatrix in Ebene 1 des Stack.
ARRAY TRN	transponiert die Matrix
STAT STOΣ	speichert die Transponierte als neue Statistikmatrix ab.

Nach dieser Festlegung der Statistikmatrix zeigt die obige Prozedur das gewünschte Ergebnis.

2.3.2 Lineare Regression

Die lineare Regression stellt einen Spezialfall des oben dargestellten Approximationsverfahrens nach der Methode der
kleinsten Quadrate dar. Sie kann interaktiv über das STAT-
Menu durchgeführt werden.

Die Datenbasis für alle Statistikfunktionen bildet die Statistikmatrix. In der Statistikmatrix muß zur Durchführung der
linearen Regression jeweils eine Spalte für die abhängige beziehungsweise die unabhängige Zufallsvariable gekennzeichnet
werden. Die Werte der unabhängigen Zufallsvariablen entsprechen der Liste der Stützstellen des Approximationspro-
blems beziehungsweise dem Stützstellenvektor. Die Werte der
abhängigen Zufallsvariablen entsprechen der Liste der Stützwerte beziehungsweise dem Stützwertevektor.

2.3.2.1 Die Eingabe der Daten

Zunächst sollte die Statistikmatrix gelöscht werden. Sollen die
Daten einer schon vorhandenen Statistikmatrix erhalten bleiben, dann sollte sie mit

$\boxed{\text{STAT}}$ $\boxed{\text{RCL}\Sigma}$ 'MATRIXNAME $\boxed{\text{STO}}$

zwischen gespeichert, und nachfolgend mit CLΣ gelöscht werden.

1. Paarweise Eingabe

Beispiel: die Zufallsvariablen X und Y seien in einer Stich-
probe durch folgende Werte gekennzeichnet:

X:	12	15	22	32	33
Y:	9.9	12	8.3	18	19.5

Die Eingabe erfolgt durch:

[12   9.9 Σ+
[15   12 Σ+
[22   8.3 Σ+
   ...
[33   19.5 Σ+

oder:

[[12   9.9 [15   12 [22   8.3 ... [33   19.5 Σ+

Die schließenden Klammern werden von der Eingabeprozedur
des HP 28 automatisch angefügt.

Zur Eingabekontrolle rufen Sie die Statistikmatrix mit RCLΣ in
Ebene 1 des Stack und inspizieren mit der VIEW-Option, oder
nach Übergang in den EDIT-Modus mit den Cursorsteuertasten, die Zeilen der Matrix. Beide Formen des Durchlaufs
können durch die Taste ON abgeschlossen werden, wonach Sie
das ursprüngliche Display wieder vorfinden.

2. Übernahme aus vorhandenen Daten

Möglicherweise sind die Werte der beiden Zufallsvariablen
schon vorher in anderen Zusammenhängen benutzt worden. Es
sei hier angenommen, daß die Werte der Zufallsvariablen X
im Vektor VX = [12   15   22   32   33] und die Werte der
Zufallsvariablen Y im Vektor VY = [9.9   12   8.3   18   19.5]
vorliegen. Dann besteht ein Interesse daran, die Daten nicht
erneut einzugeben, sondern sie möglichst direkt in die
Statistikmatrix zu übernehmen. Dazu sollte gegebenenfalls die
Statistikmatrix gelöscht oder zwischengespeichert werden.
Speichern Sie danach die beiden Vektoren mit VX Σ+ VY Σ+
in der Statistikmatrix und lassen Sie diese anschließend mit
RCLΣ anzeigen. Ebene 1 hat dann dieses Aussehen:

1:       [[12   15   22   32   33]
          [9.9   12   8.3   18   19.5]]

Die Daten der Variablen X befinden sich also in der ersten Zeile und die Daten der Variablen Y in der zweiten Zeile. Da sich die eingebauten Statistikfunktionen jedoch immer auf die Spalten der Statistikmatrix beziehen, muß sie mit

$\boxed{\text{RCL}\Sigma}$ $\boxed{\text{ARRAY}}$ $\boxed{\text{TRN}}$ $\boxed{\text{STAT}}$ $\boxed{\text{STO}\Sigma}$ in die richtige Form

gebracht werden. Nach Aufruf von TRN aus dem ARRAY-Menu stellen Sie die richtige (spaltenweise) Anordnung der Werte der Zufallsvariablen fest. In dieser Anordnung wird die Staistikmatrix gespeichert.

3. Festlegung bei mehreren Zufallsvariablen

Sind mehr als zwei Zufallsvariablen durch ihre Werte in der Matrix vertreten, dann können Sie unabhängig von der jeweiligen Anordnung der Variablen in den Spalten durch COLΣ zwei Spalten durch lineare Regression aufeinander beziehen, indem Sie vor dem Aufruf von COLΣ in Ebene 2 die Spaltennummer für die unabhängige Variable und in Ebene 1 die Spaltennummer für die abhängige Variable nennen. Soll also Spalte 3 die unabhängige und Spalte 1 die abhängige Variable enthalten, dann können Sie dies durch

Ebene 2:   3
Ebene 1:   1
$\boxed{\text{COL}\Sigma}$ oder:

3 1 $\boxed{\text{COL}\Sigma}$

bewirken.

2.3.2.2 Durchführung der Regression

Nach Eingabe der Daten bestimmen Sie zunächst die Parameter a, b der Regressiosgleichung $y = a{*}x + b$, indem Sie im STAT-Menu die Funktion LR aufrufen.

LR hinterläßt in dem gewählten Beispiel für b in Ebene 2 den Wert 3.7598691385 und für die Steigung a in Ebene 1 den Wert 0.428953107961.

Beliebige aufgrund der Regressionsgleichung zu bestimmende
Schätzwerte gewinnen Sie durch Eingabe eines Wertes für x
und Aufruf der Funktion PREDV. Das Ergebnis stellt den Wert
für y der Regressionsgleichung dar. So liefert
21.99 PREDV den Schätzwert 13.1925479826 .

Wollen Sie die gewonnene Funktion in anderen Zusammenhängen weiter verwenden, dann geben Sie
LR 'X' * + ein.

Es entsteht der Term '3.75 + .42*X', (Koeffizienten gerundet)
der gespeichert oder weiterverarbeitet werden kann.

2.3.3 Zur Verwendung der Taylorreihe

Im ALGEBRA-Menu finden Sie die Funktion TAYLR. Sie bietet
die Möglichkeit, zu einer gegebenen Funktion ein Polynom zu
bestimmen, das die ersten n Glieder einer Taylor-Entwicklung
an der Stelle 0 enthält. Eine Taylorreihe, die an der Stelle 0
entwickelt wird, heißt auch MacLaurinreihe. Der Grad n des
Polynoms kann nicht generell festgelegt werden. Er hängt vom
Aufbau des Funktionsterms und vom jeweils freien Speicher
ab. Die Güte der Approximation können Sie nur mit Hilfe einer der Restglieddarstellungen beurteilen. Aussagen über den
Konvergenzradius sind nicht von praktischem Nutzen, da
immer ein Polynom endlichen Grades n zugrunde gelegt wird.

Zum Zweck einer Taylor-Entwicklung:

Der praktische Zweck einer Taylorreihe ist die approximative Darstellung einer Funktion durch ein geeignetes Polynom. Zweck dieser Approximation ist die Darstellung eines bekannten aber schwer auszuwertenden, unhandlichen Funktionsterms durch einen möglichst einfachen Term. Der HP 28 stellt ein Spektrum analytischer Instrumente zur symbolischen und numerischen Auswertung von Funktionen zur Verfügung, das Sie in die Lage versetzt, die fraglichen Eigenschaften von Funktionen ohne den Umweg über die Approximation direkt zu bestimmen. Hierbei spielt die Komplexität des Funktionsterms nahezu keine Rolle. Die Existenz einer Taylorreihe zu einer Funktion setzt voraus, daß die Funktion beliebig oft differenzierbar ist. Gerade solche Funktionen können auf vielfältige Weise direkt analysiert werden. Soweit aber die Taylorreihe nicht als ein Beweismittel in theoretischen Erwägungen benutzt wird, was hier ohne Bedeutung ist, kommt sie vor allem für die *lokale* Näherung von Funktionen durch möglichst einfache Terme in Betracht. Für die *globale* Näherung von Funktionen sollten die schon dargestellten Möglichkeiten der Interpolation genutzt werden.

Zum Speicherbedarf:

Für den Aufruf der Funktion TAYLR sollte im allgemeinen möglichst viel Speicherplatz zur Verfügung stehen, da der HP 28 versucht, die sich aus der Differentiation ergebenden Terme, soweit sie nicht vollständig ausgewertet wurden, auf dem Stack aufzubewahren. Diese können dann bei der aus Speichergründen unvollständigen Bestimmung einer Taylorreihe auf dem Stack inspiziert werden. Dieser Sachverhalt spielt vor allem dann eine Rolle, wenn die Funktionen nicht elementar gegeben sind, sondern etwa durch Verkettung elementarer Funktionen gebildet wurden.

Beispiel für HP 28C:

Die Funktion $f(x) = e^x$ läßt sich bei sonst freiem Speicher und inaktiven Optionen CMD, LAST sowie UNDO bis zum Exponenten 23 in ein Taylor-Polynom entwickeln, während

$f(x) = e^{(x^2)}$ durch TAYLR lediglich bis zur 4.Potenz entwickelt werden kann. Der Aufruf zur Bildung des Taylor-Polynoms für die 5. Potenz liefert wegen der vorhandenen Symmetrie keine weitere Information, die Bestimmung der 6. Potenz scheitert aus Speichergründen. Zur Bestimmung der Polynomkoeffizienten werden symbolische Verfahren herangezogen, die bei komplexen Funktionstermen durch die Anwendung der Ableitungsregeln unter Umständen lange Symbolketten aufbauen, bevor die gewonnenen Terme zum jeweiligen Koeffizienten des Taylor-Polynoms ausgewertet werden. Das Ergebnis der Funktion TAYLR ist kein Beweis für die Konvergenz.

Unabhängig von der Beschaffenheit des Funktionsterms kann jedoch die Funktion TAYLR zur lokalen Approximation herangezogen werden. Lokale Approximation soll hier am Beispiel der Herstellung eines geeigneten linearen Terms vorgestellt werden. Daraus ergeben sich durch geringfügige Änderungen approximierende Terme höheren Grades.

Der Grundgedanke:

Eine Funktion f(x) soll an einer Stelle S *linear* approximiert werden. Die hier betrachtete Prozedur TAYLR entwickelt eine gegebene Funktion immer an der Stelle Null, also muß die untersuchte Funktion so transformiert werden, daß die Entwicklungsstelle im Koordinatenursprung Null liegt. Nach Aufruf der Funktion TAYLR und nach Rücktransformation auf das ursprüngliche Koordinatensystem liegt der gewünschte Term vor. Die Anpassung des gewonnenen Terms an die Ursprungsfunktion kann man in der Grafik überprüfen. (vgl. Referenzhandbuch S.152)

In der Variablen F wird der Funktionsterm f(x) und in der Variablen S die zu untersuchende Stelle einer Prozedur übergeben, die die Taylor-Entwicklung an der Stelle S samt Koordinatentransformation durchführt. Von der Fehlerbestimmung mit Hilfe eines Restgliedes wird hier abgesehen. Offenbar kann man im vorliegenden Fall das Restglied R_1 in seiner Integraldarstellung recht einfach bestimmen.

$$R_1 = \int_0^x f''(t) * (x - t)\, dt$$

(2.3.8) Restglied für lineare Approximation

Die gesuchte Prozedur TLR läßt zugleich erkennen, wie eine interaktive Lösung zu bestimmen wäre.

TLR :

```
« 'Y'  S  +  'X'  STO  F  EVAL  'Y'  1  TAYLR  'X'  S  -
  'Y'  STO  EVAL  EXPAN  COLCT  'X'  PURGE »
```

Benutzte Funktionen:
TAYLR , EXPAN und COLCT aus dem ALGEBRA-Menu

Anweisungen:	Erläuterung:
'Y' S + 'X' STO F EVAL	Der Term 'Y + S' wird in der Variablen X abgelegt. In der Variablen F ist der Funktionsterm abgespeichert, dieser soll auf der Variablen X aufbauen. Mit EVAL wird die Transformation der Funktion vollzogen.
'Y' 1 TAYLR	Die Parameter 'Y' und 1 müssen der Prozedur TAYLR zusammen mit dem Funktionsterm übergeben werden.
'X' S - 'Y' STO EVAL	Die Rücktransformation - Beachten Sie bitte die Bemerkungen weiter unten zur Referenz von Variablen!

`EXPAN  COLCT  'X'  PURGE`

Der Funktionsterm erscheint meist als Klammerausdruck und kann zusammengefasst werden. Die beiden ersten Aufrufe müssen bei der Entwicklung eines Taylor-Polynoms vom Grade 2 entsprechend ergänzt werden, falls auf eine klammerfreie Version des Funktionsterms Wert gelegt wird. 'X' enthält noch den Term 'Y + S' und muß vor weiteren Auswertungen gelöscht werden.

Achtung:
Diese Vorgehensweise birgt ein Risiko. Indem die Variable X durch Y + S und Y durch X - S definiert werden, entstehen zirkuläre Referenzen[1], die einen unendlichen Regress[2] bewirken. Tatsächlich kommt dieser Sachverhalt nur zum Vorschein, wenn S = 0 ist, das heißt, wenn X gerade Y, und Y nur X enthält. Falls nun etwa die Variable X aufgerufen wird, vermag der Rechner die zirkuläre Referenz nicht aufzubrechen und bleibt in dem betreffenden Aufruf 'hängen'. Aus diesem Schwebezustand kann man den Rechner durch einen Systemreset mit gleichzeitigem Drücken von ON und der Cursor-Taste ▲ befreien, da hier kein Speicherüberlauf oder andere Fehler auftreten werden, die zu einem Abbruch mit Fehlermeldung führen.

In den anderen Fällen, also für S <> 0, wird bei jedem Aufruf die Referenz jeweils nur um einen Schritt weitergeführt. Beispiel: wenn X den Term Y + 1 und Y den Term X - 1 enthält dann führt der Aufruf von Y zur Anzeige 'X-1'. EVAL führt zur Ersetzung von X mit der Anzeige: 'Y + 1 - 1'. Jeder weitere Aufruf führt zu jeweils einer weiteren Ersetzung, wobei der Rechner den Inhalt der Variablen als Symbol behandelt und nicht als Zahlobjekt auszuwerten versucht.

Insbesondere ist auch die Selbstreferenz einer Variablen möglich, indem Sie etwa den Term 'X + 1' in der Variablen X speichern. Nach dem Aufruf von X Ebene 1 des Stack erscheint der Term, und jede Aktivierung von EVAL bewirkt in der Anzeige die Ersetzung des Symbols X durch X + 1, so daß nach dem ersten EVAL X + 1 + 1 angezeigt wird. Die Möglichkeiten, die sich aus der Selbstreferenz oder der gegenseitigen Referenz von Variablen ergeben, können an dieser Stelle nicht weitergeführt werden.

Die Funktion ->NUM versucht im Gegensatz zu EVAL den Zahlenwert zu bestimmen und scheitert mit der Angabe 'INSUF-FICIENT MEMORY', ohne allerdings Zwischenergebnisse auf dem Stack zu hinterlassen.

Ein Beispiel:
Die Funktion $f(x) = e^{(-x^2)}$

soll an der Stelle 0.2 linear approximiert werden.

Die Eingaben:
'EXP(-SQ(X)) [ENTER]   'F [STO]

0.2 [ENTER] 'S [STO]

[USER] [TLR]

Die Ausgabe:

'1.03765259428 - 0.384315775661*X'

Die Anpassung der gefundenen Geraden an die Funktion f(x) können Sie wieder in der Graphik überblicken.

Eingaben:	Erläuterung:
[ENTER]	Für den eventuellen weiteren Gebrauch sollten Sie zunächst den Term der linearen Funktion duplizieren.
[F] = [ENTER]	Rufen Sie F auf, wonach sich der Term EXP(-SQ(X)) in Ebene 1 des Stack befindet. Geben Sie nun das Gleichheitszeichen ein und schließen die Eingabe mit ENTER ab. Dadurch werden beide Funktionsterme jeweils als linke und rechte Seite einer Gleichung dargestellt.
[PLOT] [STEQ] [DRAW]	Speichern Sie die Gleichung in der Variablen *EQ*.Die mit DRAW aufgerufene Graphik zeigt beide Funktionen zusammen.

Wählen Sie günstige Plotparameter, etwa:
{ (-3,0) (3,1.5) X 1 (0,0) } mit Hilfe von VISIT oder EDIT.

Weitere Formen der Approximation und insbesondere der Regression, wie etwa der exponentiellen Regression, sollten nun problemangepaßt entwickelt werden können.

zirkuläre Referenz = eine Variable x enthält einen Ausdruck, in dem x selbst vorkommt. Um ·n Wert von x zu bestimmen, muß man den Wert von x schon kennen.
Der Mechanismus der Auswertung von x ruft sich ständig selbst auf.

2.4 Differentialgleichungen

Die numerische Integration von Differentialgleichungen bietet
sich mit einer Reihe von Standardverfahren recht gut zur Programmierung des HP 28 an. Außer der Programmiersprache
kommen noch weitere Konzepte des HP 28 zur Geltung,
nämlich der Gleichungslöser, das Integrationsverfahren und
die Graphik.

Wenn Sie die Entwicklung des Programms nicht verfolgen
wollen, dann fahren Sie mit Kapitel 2.4.1.3 fort. Dazu sollten
Sie allerdings Speicherung und Arbeitsweise der Prozeduren
rekonstruieren.

Die als Lösung der Differentialgleichung gewonnene Funktion
kann man mit dem Gleichungslöser untersuchen. Es ist möglich, ein Integral dieser Funktion mit dem eingebauten
Integrationsverfahren zu bestimmen und einen Graph der Näherungsfunktion zu zeichnen. Diese Möglichkeiten bringen
offensichtliche Vorteile, denn die Lösung einer Differentialgleichung kann oft nicht durch einen geschlossenen Funktionsausdruck dargestellt werden. Alle numerischen Standardverfahren zur Lösung von Differentialgleichungen stellen lediglich Näherungswerte der gesuchten Funktion her. Für die
Analyse dieser Näherungswerte müssen weitere numerische
Verfahren bereitgestellt werden, über die der HP 28 bereits
verfügt. So lassen sich Insellösungen vermeiden.

Während die Interpolationsprobleme durch die Präsenz der
Stützstellen im Speicher dem Problemumfang Grenzen setzten,
belegen die vorgeschlagenen Integrationsverfahren wenig
Speicherplatz durch die Datenstruktur. Zwischenergebnisse
müssen nicht abgespeichert werden, zumal für die Analyse der
gewonnenen Funktion durch Graphik, Integration oder Gleichungslöser das Programm direkt in eine Lösungsprozedur
eingesetzt werden kann. Eine mögliche Vorgehensweise wird
im Zusammenhang mit der Abbildung der Funktionswerte in

der Graphik dargestellt. Im Unterschied zur Interpolation ist
der Umfang der Dateneingaben geringer. Wurde für die
Interpolation die Fähigkeit des Rechners genutzt, Gleichungssysteme einfach zu lösen, so setzen die Verfahren zur
Lösung von Differentialgleichungen geeignete Schleifenformen
zur Formulierung der Iteration voraus. Darüberhinaus wird
das Integrationsverfahren und der Gleichungslöser benutzt.

Zur Problemstellung:

Es werden Anfangswertprobleme gewöhnlicher Differentialgleichungen betrachtet. Die numerischen Verfahren zur Lösung von Anfangswertproblemen unterteilen sich grob in:

    Einschrittverfahren,

    Mehrschrittverfahren und

    Extrapolationsverfahren.

Die hier vorgenommene Auswahl beschränkt sich auf Algorithmen aus dem Bereich der Einschrittverfahren und zwar
auf verschiedene Versionen des Runge-Kutta-Verfahrens. Es
wird angenommen, daß der Leser durch die vorgestellte Programmentwicklung in die Lage versetzt wird zu erkennen,
welche weiteren Verfahren mit dem HP 28 optimal eingesetzt
werden können, um bei Bedarf diese Verfahren selbst zu
implementieren. Auf eine eingehende Entwicklung der Verfahren aus ihrem mathematischen Hintergrund wird verzichtet.

Das Runge-Kutta-Verfahren läßt sich durch eine mögliche
Schrittweitensteuerung flexibel einsetzen. Weiterhin kann das
Verfahren leicht auf Systeme und Differentialgleichungen hö-
herer Ordnung übertragen werden. Mehrschrittverfahren
benötigen Startwerte, welche von Einschrittverfahren, wie
etwa Runge-Kutta erbracht werden, danach aber mit weniger
Funktionsauswertungen als Einschrittverfahren auskommen.

Allerdings verkraften Mehrschrittverfahren eine Korrektur der Schrittweite schlechter, da die Vorlaufwerte in der Regel neu bestimmt werden müssen.

2.4.1 Gewöhnliche Differentialgleichung 1.Ordnung

Aufgabenstellung:

Gegeben sei eine gewöhnliche Differentialgleichung 1.Ordnung:

$$y' = f(x,y) \quad \text{mit dem Anfangswert:} \quad y(x_0) = Y_0.$$

Gesucht wird eine Näherung des Funktionswertes $y(x_n)$.

Diese Aufgabe sei nach der Lipschitzbedingung eindeutig lösbar. Der Näherungswert heißt kurz Y_n, und es gilt: $Y_n \approx y(x_n)$.

Dann berechnet das Runge-Kutta-Verfahren schrittweise Näherungswerte $Y_1, Y_2, .. , Y_n$ im Intervall $[x_0 , x_n]$ für die Stützstellen $x_1, x_2, .. , x_n$ wobei $x_{i+1} - x_i = h$ und h konstant.

Als Einschrittverfahren benötigt das Runge-Kutta-Verfahren für den Übergang von Y_i nach Y_{i+1} nur den Wert Y_i , muß allerdings vier Funktionsauswertungen vornehmen.

Zur Berechnung von Y_{i+1} aus Y_i werden zunächst für i von 0 bis n-1 die Zwischenwerte $K1_i, .. , K4_i$ berechnet, aus denen sich die eigentliche Schrittformel ergibt.

$$K1_i = h * f(X_i, Y_i),$$

$$K2_i = h * f(X_i + \frac{h}{2} , Y_i + \frac{K1_i}{2}) ,$$

$$K3_i = h * f(X_i + \frac{h}{2} , Y_i + \frac{K2_i}{2}) \qquad \text{und}$$

$$K4_i = h * f(X_i + h, Y_i + K3_i)$$

$$Y_{i+1} = Y_i + \frac{1}{6} *(K1_i + 2*K2_i + 2K3_i + K4_i)$$

Definition (2.4.1) Schrittformel Runge-Kutta

Die Fehlerordnung des Verfahrens bestimmt sich zu $O(h^4)$, wobei h die Schrittweite darstellt. Daraus folgt, daß der Fehler bei kleiner Schrittweite gering wird. Als Maß für günstiges Verhalten gilt die Kennzahl

$$K = 2* \frac{|\; K2_i - K3_i \;|}{|\; K1_i - K2_i|}$$

(2.4.2) Fehlerordnung Runge-Kutta-Verfahren

wobei gefordert wird, daß K <= 0.2 sei. K ergibt sich aus der Lipschitzbedingung. Dieses Maß kann dann zur Anpassung von h herangezogen werden. Die Schrittweitensteuerung wird als Ergänzung zum Grundalgorithmus nachgeliefert. Experimente mit verschiedenen Schrittweiten mögen dem Benutzer zeigen, inwieweit diese erforderlich ist.

Der Algorithmus:

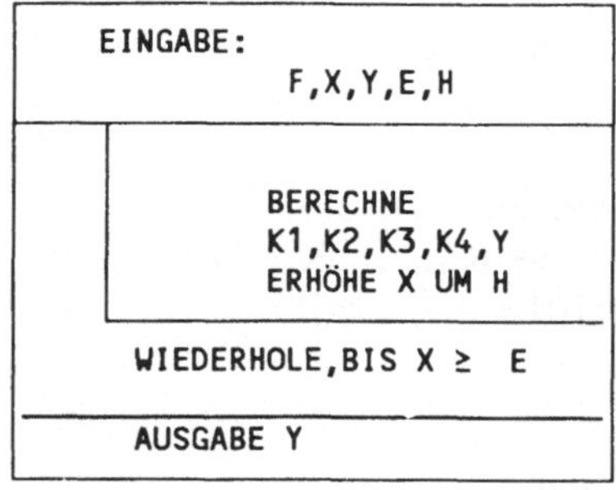

Bild (2.4.3) Runge-Kutta-Verfahren:

Die Bezeichner bedeuten:
F: Funktionsterm. X: die Stützstellen

Y: die Näherungswerte, E: x_n
H: die Schrittweite, K1,..K4: die Zwischenwerte

2.4.1.1 Das Programm

Es wird nun zunächst das Kernprogramm entwickelt. Daran schließen sich verschiedene Versionen an, die nach Bedarf die Ausgabe von Zwischenergebnissen, Graphikausgabe sowie die Protokollierung mit dem Drucker beinhalten.

Das Programm benutzt als Programmierkonzepte:

 Zerlegung von Algorithmen (Modularisierung)

 Schleifen

 globale Variablen

Es stellt vor zwei syntaktische Probleme:

1. die Auswertung von Formel- und Funktionsausdrücken und

2. eine Schleifenform, die nicht durch eine festgelegte Anzahl von Durchläufen bestimmt ist.

Frage 1 zielt auf das Problem, wie die einzelnen Formeln untereinander Informationen austauschen. Die Formeln können ihre Informationen vom Stack nehmen und lokal verwalten oder durch Speichervariablen (globale Variablen) austauschen. Da einige Variablen mehrfach gebraucht werden, sollten sie zweckmäßig nicht als lokale Variable über den Stack sondern über Speichervariablen ausgetauscht, also nach der Berechnung in Variablen zwischengespeichert werden.

Frage 2   ergibt sich aus der Forderung, daß die Stützstellen, die zur Berechnung herangezogen werden, für den Fall einer Fehlerkorrektur nicht
äquidistant sein müssen.

Nachdem die Programmstruktur bekannt ist, wird zunächst
der Anweisungsteil innerhalb der Wiederholschleife programmiert.

2.4.1.1.1 Der Funktionsterm

Die Berechnung der Zwischenwerte $K1_i,..,K4_i$, Y_{i+1} benötigt
man zunächst den Funktionswert $f(X_i,Y_i)$. Zur Unterschei-
dung der Begriffe 'Prozedur' und 'Funktion' siehe das Einlei-
tungskapitel. Es sollen zunächst Varianten für die Auswertung
eines Funktionsausdrucks vorgestellt werden.

Beispiel: Es sei $f(x,y) = 2xy$

1.   Man speichert für f den Term '2*X*Y' unter dem
Namen 'F' ab und sorgt dafür, daß X und Y als
Speichervariablen mit einem Wert belegt sind. Dann
wird mit den Kommandos

'2*X*Y [ENTER] 'F [STO] 1 'X [STO] 2 'Y [STO] [F] [EVAL]

der Funktionswert gebildet.

2.   Man speichert die Prozedur « 2 X Y * * » unter dem
Namen 'F' ab. Dann führt bereits der Aufruf von F
zur Auswertung des Funktionsausdrucks mit den zwei
Speichervariablen X,Y! Ist X als Speichervariable
nicht vorhanden und hat Y den Wert 3, dann würde
der unvollständig ausgewertete Ausdruck '2*(X*3)'
zurückgeliefert.

« 2 X Y * * [ENTER] 'F [STO] 3 'Y [STO] [F]

3. Man speichert die Prozedur « -> X Y « 2 X Y * * » »
    unter dem Namen 'F' ab. Dann führt der Aufruf von
    F zur Auswertung des Funktionsausdrucks, wobei die
    Prozedur versucht, zwei Werte vom Stack zu nehmen.
    Dabei wird gegebenenfalls der Wert von Ebene 2 X
    und der Wert von Ebene 1 Y zugeordnet. Das Ergebnis
    wird auf dem Stack in Ebene 1 zurückgeliefert.

« -> X Y « 2 X Y * * ENTER 'F STO 1 ENTER 2 ENTER F

Version 1 ist von Vorteil für symbolische Verknüpfung von
Termen, während sich zur Auswertung von Funktionstermen
je nach Lage der Dinge Version 2 oder 3 anbieten. Da bei der
Berechnung der Zwischenwerte $K1_i$, ,$K4_i$ die Argumente der
Funktion f bereits auf dem Stack liegen, wird Version 3 ge-
wählt.

Hinweis für HP 28S:
Wenn Sie die Variablen, Funktionen und Prozeduren dieses
Kapitels in übersichtlicher Form zusammenhalten wollen,
dann sollten Sie mit

MEMORY 'DGL CRDIR   ein Unterverzeichnis anlegen.

In dieses Unterverzeichnis können Sie vom USER-Menu aus
mit der Menutaste für DGL einsteigen, und haben jetzt nur
noch die Variablennamen in der Anzeige des USER-Menus,
die im Unterverzeichnis DGL erzeugt wurden. Verlassen Sie
das Unterverzeichnis mit

MEMORY HOME .

. Danach zeigt das USER-Menu die Variablennamen aus dem
Hauptverzeichnis (beziehungsweise dem Verzeichnis, aus dem
DGL angelegt wurde) .

2.4.1.1.2 K1i,..,K4i,Yi+1 berechnen

Zunächst werde F gespeichert:

« -> X Y « 2 X Y * * `ENTER` 'F `STO` 1 `ENTER` 2 `ENTER` `F`

Zum Aufruf der Funktion F müssen vorher ihre Argumente auf den Stack gelegt werden, wobei die Reihenfolge der Argumente eingehalten wird.

M1 stellt $K1_i$ her:

M1 :   « X Y F H * 'K1' STO »

Speichern Sie die Prozedur M1 in der gewohnten Form.
Anmerkung zur Eingabe der weiteren Prozeduren:
   Wenn Sie die Prozeduren M2 und M3 vergleichen, stellen Sie fest, daß sich beide weitgehend gleichen. Es ist recht einfach möglich, aus der bereits eingegebenen Prozedur M2 die Prozedur M3 zu erzeugen, indem Sie jeweils 'K1' durch 'K2' bzw. 'K2' durch 'K3' ersetzen. Holen Sie zunächst mit 'M2' RCL die Prozedur M2 in Ebene 1 des Stack. Mit EDIT können Sie nun den Prozedurtext ändern. Dazu müssen die oben genannten Textpositionen aufgesucht und überschrieben werden. Ändern Sie in diesem Fall die Cursorfunktion nicht von Überschreiben auf Einfügen. Schließen Sie den Editiervorgang mit RETURN ab. Speichern Sie nun wie gewohnt, aber natürlich unter dem Namen 'M3'. Die Option VISIT würde nach ENTER den geänderten Text automatisch unter dem alten Namen M2 abspeichern, das darf hier natürlich nicht geschehen.

Erläuterung der weiteren Prozeduren:

X und Y sind bei Start des Programms einzugeben und enthalten danach die jeweiligen Iterationswerte X_i und Y_i. Beide Variablen sind Speichervariablen und werden bei Aufruf der Prozedur M1 so auf den Stack gelegt, daß die Funktion F X und Y auswerten kann. Der Funktionswert bleibt auf dem Stack zurück, wird mit H multipliziert und in K1 abgespeichert. In entsprechender Weise ergeben sich die restlichen Prozeduren, wobei M2 den Wert K2 herstellt und schließlich MY Y_i nach Y_{i+1} überführt:

M2:   « X H 2 / + Y K1 2 / + F H * 'K2' STO »

M3:   « X H 2 / + Y K2 2 / + F H * 'K3' STO »

M4:   « X H + Y K3 + F H * 'K4' STO »

MY: « M1 M2 M3 M4 K2 K3 + 2 * K1 + K4 + 6 / 'Y' STO+ »

Rufen Sie sto+ aus den STORE-Menu auf. MY wurde an
dieser Stelle gesondert als Prozedur gefaßt, da sie die Basis für
eine graphische Auswertung der Lösung der
Differentialgleichung bildet.

Wenn jetzt X und Y korrekt initialisiert sind, dann wird mit
MY gerade ein Iterationsschritt durchlaufen. Y besitzt danach
schon den neuen Wert. X wurde noch nicht verändert und
muß in der Schleife um den Betrag H inkrementiert werden.
Die Schleife wiederum muß durchlaufen werden, bis X den
Wert von E erreicht hat.

2.4.1.1.3 Die Schleife

Alle Wiederholungen, bei denen die Zahl der Durchläufe von
vornherein bekannt ist, können mit Zählschleifen abgewickelt
werden. Hängt das Ende der Schleife von einer Bedingung ab,
so kann der HP 28 *vor* Eintritt in die Schleife prüfen, ob die
eigentliche Schleifenanweisung durchgeführt werden soll.
Dann lautet die Formulierung:

> WHILE *Bedingung* REPEAT *Schleifenanweisung* END

Diese Schleife wird unter Umständen nicht durchlaufen. Eine
weitere Schleifenform prüft die Schleifenbedingung jeweils
nach Durchführung der Schleifenanweisung. Dann lautet die
Formulierung:

DO *Schleifenanweisung* UNTIL *Bedingung* END

Eine solche Schleife wird frühestens nach einmaligem Schleifendurchlauf abgebrochen.

Das gegenwärtig zu lösende Problem kann in beiden Versionen formuliert werden. Die DO-Variante entspricht der intuitiven Lösung, läßt allerdings zu, daß bei nicht korrekt initialisierten Variablen der Schleifenkörper noch einmal durchlaufen wird.

« DO MY H 'X' STO+ UNTIL X E ≥ END »

Erläuterung:
Die Schleifenanweisung berechnet aus dem schon bekannten Näherungswert Y_i den Wert Y_{i+1} . Mit H 'X' STO+ wird X um den Betrag H inkrementiert. Die Abbruchbedingung X E ≥ prüft, ob die aktuelle Stützstelle X das Intervallende E schon erreicht hat. Der Test auf exakte Gleichheit könnte je nach Wahl von H, X und E fehlschlagen und die Schleife entarten. Die Variablen müssen noch korrekte Startwerte erhalten (Eingabe), und das Ergebnis soll ausgegeben werden. Beides führt das Programm durch:

RUKU :

« 'H' STO 'E' STO 'Y' STO 'X' STO DO MY H 'X'
    STO+ UNTIL X E ≥ END Y »

Speichern Sie unter dem Namen RUKU.

Erläuterung zum Eingabeteil:
Das Programm setzt vier Werte auf dem Stack voraus und ordnet so zu:

Ebene:	Wert:	Variable:
4:	0	X
3:	1	Y
2:	1	E
1:	0.1	H

Legen Sie diese Werte auf den Stack und starten das
Programm durch Drücken der Menutaste
RUKU

Man kann natürlich die Eingabewerte durch Leerzeichen getrennt in der Eingabezeile unterbringen und ohne ENTER das
Programm aufrufen:

0   1   1   0.1   RUKU

X   Y   E   H   sind die aufnehmenden Variablen.

Das Ergebnis sollte 2.71827 (gerundet) sein.

Zum Ausgabeteil:
in der gegenwärtigen Fassung wird nur der gesuchte Wert, für
den die Anfangswertaufgabe formuliert war, zuletzt auf den
Stack gelegt. Freilich können auch sämtliche ermittelten Näherungswerte Y_i für $1 \leq i \leq n$ angezeigt werden, dabei belegen
sie allerdings den Stack.

2.4.1.2   Die protokollierende Version

RUKU :

```
« 'H' STO 'E' STO 'Y' STO 'X' STO  DO  MY  Y  H  'X' STO+
    UNTIL  X  E  ≥  END »
```

Y wird innerhalb der Schleife jedesmal ausgegeben.

Anmerkung zu den *Variablennamen* im USER-Menu:
Im Display der Variablen des USER-Menus finden
nebeneinander sechs Variablennamen Platz. Die Namen werden entsprechend der Reihenfolge bei der Eingabe jeweils
vorne angefügt. Bei der hier erreichten Zahl der Prozeduren
und Variablen kann man allzu heftiges Blättern zwischen den
Zeilen des Menus durch NEXT vermeiden, indem man entweder
die benötigten Variablen in der Reihenfolge eingibt, daß
zusammen benutzte Variablen auf einer (Display-) Seite liegen, oder man ordnet mit Hilfe der Funktion ORDER im USER-

Menu, indem man mit ⟨ VAR1 VAR2 .. ⟩ die gewünschte Reihenfolge der Variablen zumindest für die erste Displayseite
vorschreibt, oder auf die verschiedenen Seiten verteilt.

Sie finden nun zunächst ein Protokoll zu einer Beispielrech-
nung mit dem bisherigen Programm. In Anschluß wird eine
Fehlerkorrektur ergänzt und die Möglichkeit der graphischen
Auswertung vorgestellt.

2.4.1.3 Protokoll eines Programmablaufs:

Die Prozeduren im Überblick:

M1 :   « X Y F H * 'K1' STO »

M2 :   « X H 2 / + Y K1 2 / + F H * 'K2' STO »

M3 :   « X H 2 / + Y K2 2 / + F H * 'K3' STO »

M4 :   « X H + Y K3 + F H * 'K4' STO »

MY :   « M1 M2 M3 M4 K2 K3 + 2 * K1 + K4 + 6 / 'Y' STO+ »

RUKU :« 'H' STO 'E' STO 'Y' STO 'X' STO DO MY Y H 'X' STO+
            UNTIL X E ≥ END »

RUKU ist in der protokollierenden Version angegeben. Zur
Bedeutung der Variablen: x wird zum Programmstart mit dem
Anfangswert initialisiert und durchläuft das Integrations-
intervall mit der Schrittweite H bis zum Wert E. Für jeden
Wert, den x annimmt, hinterläßt RUKU den genäherten
Funktionswert y der gesuchten Funktion y(x).

Gegeben sei das Anfangswertproblem: $y' = 2xy$, $y(0) = 1$.
Gesucht sei eine Näherungslösung für $y(1)$.

Dafür muß zunächst die Funktion F erstellt werden :

F : « -> X Y « 2 X Y * * » »

Starten Sie das Näherungsverfahren mit:

0 1 1 .1 RUKU

sowie mit:

0 1 1 .05 RUKU

Wenn Sie nun den Stack inspizieren, dann sollte dieses Ergebnis vorliegen:

Ebene:	Anzeige:	
	für H = 0.1:	für H = 0.05:
10:	1.01005016667	1.35323766277
9:	1.04081076977	
..		
5:	1.43332899453	1.8964807336
..		
2:	2.24790259023	
1:	2.71827017536	2.71828108368

exakte Lösung: 2.71828182846

Für H = 0.05 erhalten Sie die Wertetabelle der Funktion Y(x) auf dem Intervall [0 , 1] mit 20 Funktionswerten.

2.4.1.4 Analyse der Näherungsfunktion

Das oben angegebene Programm RUKU ermöglicht Experimente mit verschiedenen Anfangswerten und liefert jeweils einzelne Werte der gesuchten Funktion. Die weiteren Untersuchungen beziehen sich auf ein bestimmtes Anfangswertproblem. Die Lösung des Anfangswertproblems stellt eine Funktion dar, die durch Integration, Graphik und den Gleichungslöser näher analysiert wird. Die Werte der Funktion werden näherungsweise von RUKU bestimmt. Zu diesem Zweck muß RUKU der Syntax einer *Funktion* genügen. Das bedeutet :

1.   Der Funktionswert Y bleibt in Ebene 1 des Stack zurück.

2.   Die Anzahl der Stackelemente hat sich um 1 erhöht.

3.   Eine der *globalen Variablen* wird als die unabhängige Variable benutzt.

RUKU: « 'H' STO 'E' STO 'Y' STO 'X' STO DO MY H 'X' STO+ UNTIL
        X E ≥ END Y »

Bedingung 1 ist erfüllt. Das Programm erfüllt die Bedingung 2 in der gegenwärtigen Form nicht, da es die Startwerte vom Stack nimmt. Andererseits müssen die Startwerte bei jedem Programmaufruf neu gesetzt werden. Als unabhängige Variable kommt nur E in Frage, da Y den Funktionswert an der Stelle E darstellt.

Die Überlegung, daß das Programm für jeden Aufruf alle Zwischenwerte erneut berechnet, wird hier nicht weitergeführt. Man kann zwar die Festlegung der Schrittweite H mit der Berechnung der Koordinaten für die Grafik synchronisieren, nicht jedoch mit der Arbeitsweise des Gleichungslösers. Daraus ergibt sich die folgende Programmversion, die Sie für die weiteren Schritte unter dem Namen RK abspeichern sollten.

RK:

« YO 'Y' STO XO 'X' STO DO MY H 'X' STO+ UNTIL X E ≥ END Y »

Programm (2.4.4) Version 2 des Programms RUKU

Erläuterung:
Nur der Programmkopf hat sich geändert. Die Anfangswerte müssen bei jedem Funktionsaufruf neu initialisiert werden, da die aufnehmenden Variablen zur Laufzeit ihre Werte ändern. Vor dem Programmstart müssen die Variablen Xo und Yo mit den Startwerten geladen werden. H ändert seinen Wert nicht und kann etwa aus dem SOLVR-Menu gesetzt werden. Das

Programm nimmt keinen Wert vom Stack und hinterläßt den Funktionswert auf dem Stack. Die Variable E wird für Graphik und Integration zur unabhängigen Variablen erklärt, da jeder Aufruf den Funktionswert an der Stelle E bildet. Die beiden Prozeduren speisen die Variable E jeweils mit den richtigen Werten.

2.4.1.4.1 Graphikauswertung

Wenn Sie das PLOT-Menu beherrschen, fahren Sie mit der Zusammenfassung 2.4.1.4.2 fort.

Eine solche Graphik kann natürlich keinen Anspruch auf genaue Ermittlung einzelner Lösungen erheben, wohl aber durch einen Gesamtüberblick Hinweise etwa auf sinnvolle Variation von Parametern geben.

Zur *Graphikausgabe* des HP 28:

Zur Erzeugung und Manipulation von Graphiken bietet der HP 28 ein spezielles PLOT-Menu an. Die Kernprozedur DRAW wertet einen in der Variablen EQ gespeicherten Funktionsausdruck im Rahmen der durch PPAR festgelegten Parameter aus. Das hat seinen Sinn darin, daß häufig bei der Lösung von Gleichungen, Nullstellenbestimmung und dergleichen der Ausdruck in EQ berechnet wird. Die Plotparameter sind in dieser Form gespeichert:

{ (X_{min}, Y_{min}) (X_{max}, Y_{max}) Var Auflösung (X_{Achse}, Y_{Achse}) }.

Oft baut sich der in EQ gespeicherte Term auf einer einzigen 'unabhängigen' Variablen, etwa X, auf. In der Liste der Plotparameter tritt sie an die Stelle von Var. Das ist dann die Variable, für die der Funktionsterm im Rahmen der anderen Plotparameter durch das Intervall [X_{min} , X_{max}] geführt wird. Die innere Struktur des ausgewerteten Ausdrucks hat jedoch für die Anweisung DRAW keine Bedeutung. DRAW kann das Ergebnis einer beliebigen Prozedur graphisch darstellen, wenn diese den oben dargestellten formalen Anforderungen Funktionsterm genügt.

Lokale Variable, etwa Laufparameter von Schleifen, dürfen nicht als unabhängige Variable deklariert werden. Die Prozedur muß nicht notwendig eine freie Variable besitzen! Beispiele: « 1 » erzeugt eine Parallele zur X-Achse und « RAND » zeigt einen Zufallsregen.

Durchführung:

Parameter festlegen:
Wechseln Sie ins PLOT-Menu. Rufen Sie das Programm RK in Ebene 1 und speichern in der Variablen EQ. Bestimmen Sie nun die Plotparameter, indem Sie mit 'PPAR' VISIT die Parameterliste holen und mit den passenden Werten überschreiben. Je nach Vorgeschichte sind Ihre Plotparameter möglicherweise noch nicht abgespeichert. Dann tippen Sie die unten angegebene Liste in die Eingabezeile und speichern unter dem Namen 'PPAR' ab. Ansonsten erscheint in der Eingabezeile ein Objekt der Form:

$$\{ (X_{min}, Y_{min})\ (X_{max}, Y_{max})\ \text{Var Auflösung}\ (X_{Achse}, Y_{Achse}) \}$$

Die Liste läßt sich nun wie ein Programm editieren. Freilich können Sie auch einzelne Plotparameter über die Menutasten des *PLOT*-Menus ändern. Als sinnvolle Werte lassen sich bei oben betrachteten Differentialgleichung $y' = 2xy$ annehmen:

$$\{ (0,1)\ (3,3)\ E\ 1\ (0,1) \}$$

Initialisieren Sie die Variablen mit
0 'X0 $\boxed{\text{STO}}$ 1 'Y0 $\boxed{\text{STO}}$ 0.1 'H $\boxed{\text{STO}}$.

Rufen Sie nun DRAW auf. Die wirklich für Sie geeignete Konfiguration von Plotparametern erfahren Sie durch Variation von H, X_{max}, Y_{max} sowie Stauchen oder Strecken der Abbildungsparameter mit *W , *H .

Zur *Interpretation* der *Graphik*

Wenn Sie eine Deutung der Graphik versuchen, dann werden
Sie ausgehend von den Markierungen auf den Koordinaten-
achsen den Verlauf bewerten wollen. Die Markierungen sind
nicht beschriftet. Sie können sich aber leicht einen Überblick
verschaffen, indem Sie einige Punkte auf dem Graph *digitalisieren*. Vergleichen Sie zum Digitalisieren von Punkten im
Benutzerhandbuch S.116. Falls Sie den Zeichenvorgang unter-
brochen haben, wird ein Neustart des Zeichenvorgangs unter
Umständen veränderte Variablen vorfinden.

2.4.1.4.2 Protokoll der Graphikauswertung

« YO 'Y' STO XO 'X' STO DO MY H 'X' STO+ UNTIL X E $\geq$ END Y »
mit PLOT STEQ in EQ mit speichern.

Eventuell Plotparameter editieren: { (0,1) (3,3) E 1 (0,1) }

Eingabe:
0.1 'H STO 0 'X STO 1 'Y STO DRAW

Aufgrund vieler Iterationen beansprucht der Zeichenvorgang
deutlich mehr Zeit, als einfache vordefinierte Funktionen. Der
Verlauf des Graphen verrät, daß die Werte der Näherungsfunktion die gesuchte Funktion nicht beliebig genau treffen.
Der Graph verläuft für die Teilintervalle der Länge H jeweils
auf gleichem Niveau. Wählen Sie H kleiner, so passt sich die
Näherungsfunktion besser an die gesuchte Funktion an.

Zur Vorbereitung der Untersuchung im SOLVR-Menu speichern Sie den Ausdruck 'RK = 1.5' in EQ und rufen erneut
DRAW auf. Es entsteht die schon bekannte Funktionskurve und
zusätzlich die Gerade mit der Gleichung y = 1.5 . Unterbrechen Sie den Zeichenvorgang mit ON, sobald die beiden Graphen einen Schnittpunkt erkennen lassen. Digitalisieren Sie
eine Stelle in der Nähe des Schnittpunktes. Sie sollten etwa
0.61 als X-Koordinate erhalten.

2.4.1.4.3 *Untersuchung im SOLVR*-Menu

Sie können nun die Funktion RK oder die daraus abgeleitete
Gleichung 'RK = 1.5' mit dem Gleichungslöser analysieren.
Allerdings hat sich im Protokoll der Graphikauswertung schon
gezeigt, daß die Schrittweite H einen wesentlichen Einfluß auf
den genauen Verlauf der Funktionswerte ausübt. Natürlich ist
es *theoretisch* möglich, die Schrittweite H bei 1E-10 zu wählen. Praktisch scheidet dieses Vorgehen aus, da hierdurch
untragbare Rechenzeiten entstehen. Wählt man aber größere
Schrittweiten, etwa H = 0.01, dann geht die Genauigkeit des
Gleichungslösers verloren, da aufgrund einer zu großen
Schrittweite H Zwischenwerte nicht berechnet werden können.
Die Genauigkeitsschranke läßt sich also nicht besser als die
gewählte Schrittweite machen. Für eine interaktive Lösung der
Gleichung 'RK = 1.5' wählen Sie zunächst einen neuen Startwert nahe bei der Lösung, damit nicht jede Funktions-
berechnung bei X = 0 beginnen muß. Die aus der Graphik
ermittelte Näherungslösung 0.61 bildet den Startwert für die
weiteren Berechnungen. Dazu benötigen Sie einen möglichst
guten Näherungswert für Y(0.61). Rufen Sie mit

'RK $\boxed{\text{RCL}}$ $\boxed{\text{SOLV}}$ $\boxed{\text{STEQ}}$ die Näherungsfunktion in

Ebene 1 und speichern in EQ. Blättern Sie das SOLVR-Menu
auf. Sie finden sämtliche im Programm und den aufgerufenen
Prozeduren verwendeten Variablen eingetragen. Die Variablen
der Prozeduren sind auf zwei Menuzeilen verteilt. Versehen
Sie zunächst H mit dem Wert 0.01, X0 mit dem Wert 0, Y0
mit dem Wert 1 und E mit dem Wert .61 . Starten Sie die
Auswertung mit der Taste EXPR=. Sie erhalten den Wert
1.45077805181. Der exakte Wert ist 1.45077805184 . Übernehmen Sie diesen Wert als Startwert in Y0 und 0.61 als
Startwert in X0. Testen Sie nun einige Werte für E. Das Ergebnis sollte sein, daß der gesuchte Wert zwischen 0.63 und
0.64 liegt. Die Eingrenzung der Lösung kann mit wiederum
verkleinerter Schrittweite H noch weiter betrieben werden.

2.4.1.4.2 Integration

Bestimmen Sie das Integral der genäherten Funktion Y(x) mit dem Anfangswert Y(0) = 1 .

Initialisieren Sie X0 mit 0, Y0 mit 1 und E mit 0.01 . Legen Sie als Startparameter der Integrationsprozedur zunächst das Programm RK , danach die Liste { E 0 1 } und die Fehlerschranke 0.1 auf Stack. Der Aufruf der Integrationsprozedur sollte den Wert 1.47 zurückliefern (gerundet) .

2.4.1.5 Druckerausgabe

Wenn Sie den Drucker HP 82240A benutzen, können Sie in verschiedener Form Ergebnissicherung betreiben.

1. Wenn Sie mit Version 2.4.1.2 des Programms die Zwischenergebnisse auf dem Stack gespeichert haben, geben Sie diese mit PRST aus dem PRINT-Menu auf den Drucker aus. Sie achten darauf, daß der Stack nicht zusätzlich durch andere Werte besetzt ist.

2. Wenn Sie viele Zwischenergebnisse protokollieren wollen, ohne hierdurch den Stack zu belegen, dann sollten diese im Moment ihrer Berechnung auf den Drucker gehen. Dafür muß das Programm RUKU :

```
« 'H' STO 'E' STO 'Y' STO 'X' STO  DO MY Y H 'X' STO+
    UNTIL X E ≥ END »
```
so abgeändert werden:

```
« 'H' STO 'E' STO 'Y' STO 'X' STO  DO MY H 'X' STO+ 'X'
    PRVAR 'Y' PRVAR UNTIL X E ≥ END »
```

3. Wenn Sie die Graphik ausdrucken wollen, beachten Sie die zuvor gemachten Hinweise zur Graphikausgabe und lassen dann die Prozedur « CLLCD DRAW PRLCD » abarbeiten. CLLCD bewirkt ein Löschen möglicherweise noch im Display befindlicher Anweisungen.

Anmerkung zur Editierung:
Sie sind bisher nicht aufgefordert worden, die Programmvarianten jeweils unter neuem Namen abzuspeichern, wenn die Änderungen nicht für die weitere Entwicklung vorausgesetzt werden mußten. Wollen Sie eine bestimmte Variante häufiger benutzen, werden Sie diese speichern. Die bisherige Entwicklung hat aber sicher gezeigt, daß kleine Änderungen an Programmen leicht durchzuführen aber auch wieder rückgängig zu machen sind. Vergleichen Sie dazu das Einführungskapitel zur Programmentwicklung.

2.4.2 Systeme von Differentialgleichungen

Es soll nun gezeigt werden, daß das Verfahren von Runge-Kutta durch einfache Ergänzungen für Systeme formuliert werden kann. Diese Ergänzungen werden am Beispiel eines Systems aus zwei Differentialgleichungen vorgestellt. Die Entwicklung für deutlich umfangreichere Systeme muß sich mit der Speicherfrage sowie mit der Laufzeitfrage auseinandersetzen. Die stark zunehmende Zahl der Variablen würde zudem den Zugriffspfad auf die Variablen verändern, beispielsweise durch Benutzung von Arrays für die Speicherung der Zwischenwerte und damit die Neuentwicklung wesentlicher Programmteile bedingen.

Ausgehend von den Vorarbeiten in Kapitel 2.4.1.1 werden die betreffenden Prozeduren überarbeitet. Die Programmierung wird nicht vollständig neu aufgerollt, daher sollten Sie zum Verständnis der erforderlichen Änderungen das Kapitel 2.4.1.3 kennen.

Aufgabenstellung:

Gegeben sei das System von Differentialgleichungen
1.Ordnung

$$y' = f(x,y,z) \ , \ z' = g(x,y,z)$$

mit den Anfangswerten: $Y_0 = y(x_0)$, $Z_0 = z(x_0)$

auf dem Intervall $[x_0 , x_n]$

Gesucht sind die Näherungswerte $Y_n \approx y(x_n)$ und $Z_n \approx z(x_n)$ bei der Zerlegung des Intervalls $[x_0, x_n]$ in Teilintervalle der Länge h.

Das Lösungsschema:

Aus dem Berechnungsschema für die Schrittformel einer Differentialgleichung 1.Ordnung nach Runge-Kutta (siehe Kap. 2.4.1) ergibt sich unter Ausdehnung auf die zweite Differentialgleichung des Systems eine weitere Schrittformel mit den für sie erforderlichen Rechenschritten. Faßt man beide Lösungsschemata zusammen, dann erhält man mit den Bezeichnern K für die erste und L für die zweite Differentialgleichung das folgende gemeinsame Lösungsschema:

für i von 0 bis n-1:

$$K1i = h^* \ f(Xi ,Yi ,Zi) \ , \ L1i = h^* g(Xi ,Yi ,Zi)$$

$$K2i = h^* \ f(Xi + \frac{h}{2} , \ Yi + \frac{K1i}{2} , \ Zi + \frac{L1i}{2}) ,$$

$$L2i = h^* \ g(Xi + \frac{h}{2} , \ Yi + \frac{K1i}{2} , \ Zi + \frac{L1i}{2}) ,$$

$$K3i = h^* \, f(Xi + \frac{h}{2} \, , \, Yi + \frac{K2i}{2} \, , \, Zi + \frac{L2i}{2} \,) \, ,$$

$$L3i = h^* \, g(Xi + \frac{h}{2} \, , \, Yi + \frac{K2i}{2} \, , \, Zi + \frac{L2i}{2} \,) \, ,$$

$$K4i = h^* \, f(Xi + h \, , \, Yi + K3i \, , \, Zi + L3i)$$

$$L4i = h^* \, g(Xi + h \, , \, Yi + K3i \, , \, Zi + L3i)$$

$$Yi+1 = Yi + \frac{1}{6} \, ^*(K1i + 2^*K2i + 2^*K3i + K4i \,)$$

$$Zi+1 = Zi + \frac{1}{6} \, ^*(L1i + 2^*L2i + 2^*L3i + L4i \,)$$

$$Xi+1 = Xi + h$$

Schrittformel (2.4.5) für Systeme

Der Algorithmus:

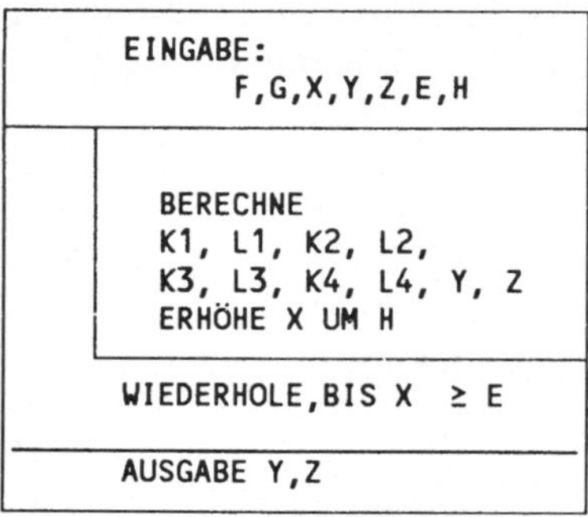

Bild (2.4.6) Runge-Kutta-Verfahren für Systeme

Die Bezeichner bedeuten:
F,G: die Funktionsterme   X: die Stützstellen

Y,Z: die Näherungswerte   E: x_n
H: die Schrittweite   Ki,Li: die Zwischenwerte

2.4.2.1 Das Programm

Jeder Iterationsschritt des Programms berechnet für die beiden
Näherungswerte Y_i, Z_i jeweils vier Zwischenwerte $K1_i$ und
$L1_i$, $K2_i$ und $L2_i$ usw. Vergleicht man mit dem Programm
RUKU, so stellt sich heraus, daß dessen Grundstruktur beibehalten werden kann. Zur Berechnung von $K1_i$ und $L1_i$, $K2_i$
und $L2_i$ .. sind den beiden Funktionen f und g je drei Argumente bereitzustellen. Beide Funktionen nehmen nun für $K1_i$
und $L1_i$, $K2_i$ und $L2_i$ .. jeweils dieselben Argumente-Tripel
auf (vgl. dazu das Lösungsschema). Daher sollten die Zwischenwerte auch gemeinsam berechnet werden. Somit bleiben
vier Zwischenwerte berechnende Prozeduren KL1, .., KL4
Kern des Programms

Zunächst erfährt die Funktion F eine Änderung. Es sei
$f(x,y,z) = x + y + z$. Dann soll in Ergänzung von
Kap. 2.4.1.1.1 die Funktion F den folgenden Aufbau erhalten:

F: « -> X Y Z « X Y + Z + » » .

Die Prozedur M1 : « X Y F H * 'K1' STO » muß so abgeändert
werden:

KL1:   « X Y Z 3 DUPN F H * 'K1' STO G H * 'L1' STO »

Anweisungen:	Erläuterung:
X Y Z	ruft die drei Argumente auf den Stack, wo sie ..
3 DUPN	für die Funktion G dupliziert werden

F H *   stellt K1 her und nach Abspei-
                              chern liegen die drei Argumente
                              für die Funktion G bereit,..

G H *   die L1 herstellt.

Entsprechend wird nun mit den Prozeduren M2,..,M4, MY
verfahren:

M2 wird zu

KL2:   « X H 2 / + Y K1 2 / + Z L1 2 / + 3 DUPN
          F H * 'K2' STO G H * 'L2' STO »

KL3 wiederum erzeugen Sie als Kopie von KL2 mit den entsprechenden Änderungen:

KL3:   « X H 2 / + Y K2 2 / + Z L2 2 / + 3 DUPN
          F H * 'K3' STO G H * 'L3' STO »

KL4:   « X H + Y K3 + Z L3 + 3 DUPN F H * 'K4'
          STO G H * 'L4' STO »

MY wird ersetzt durch

MYZ: « KL1 KL2 KL3 KL4 K2 K3 + 2 * K1 + K4 + 6 /
          'Y' STO+ L2 L3 + 2 * L1 + L4 + 6 / 'Z' STO+ H
          'X' STO+ »

Anmerkung:
Die Inkrementierung der Variablen X um H wurde in MYZ
hineingenommen. Die Prozedur ist für Graphikausgabe nicht
vorgesehen.

Wenn Sie jetzt die Variablen X, Y, Z, H korrekt initialisiert
haben und die Funktionen F und G eingegeben sind, können
Sie durch Aufrufen der Prozedur MYZ bereits interaktiv eine
Lösung herstellen.

Das aufrufende Programm lautet nun:

RUKU2:

```
« 'H' STO 'E' STO 'Z' STO 'Y' STO 'X' STO DO
   MYZ UNTIL X E ≥ END Y Z »
```

Anmerkungen:
1. Wenn Sie das Programm RUKU2 aus dem SOLVR-Menu
starten, dann können Sie die Speicheranweisungen für die
Variablen H, .., X einsparen und das Programm erhält die
Form: « DO MYZ UNTIL X E ≥ END Y Z ».
2. Wenn Sie ein bestimmtes Anfangswertproblem an verschiedenen Stellen untersuchen wollen, dann sollten Sie in Analogie
zu Programm (2.4.4) den Programmkopf von RUKU2 abändern: « ZO 'Z' STO YO 'Y' STO XO 'X' STO DO ... ». Diese Version
läßt sich sowohl vom SOLVR-Menu aus als auch durch
Direkteingaben bedienen.

2.4.2.2 Protokoll eines Programmablaufs

1. Gegeben sei das Anfangswertproblem:

$$y' = x + y + z \; ; \; z' = x - y - z \; ;$$
$$\text{mit} : x = 0 \; ; \; y = 0 \; ; \; z = 0$$

F: « -> X Y Z « X Y + Z + » »

G: « -> X Y Z « X Y - Z - » »

KL1: « X Y Z 3 DUPN F H * 'K1' STO G H * 'L1' STO »

KL2: « X H 2 / + Y K1 2 / + Z L1 2 / + 3 DUPN F H
      * 'K2' STO G H * 'L2' STO »

KL3: « X H 2 / + Y K2 2 / + Z L2 2 / + 3 DUPN F H
      * 'K3' STO G H * 'L3' STO »

KL4: « X H + Y K3 + Z L3 + 3 DUPN F H * 'K4' STO G
      H * 'L4' STO »

MYZ: « KL1 KL2 KL3 KL4 K2 K3 + 2 * K1 + K4 + 6 / 'Y'
       STO+ L2 L3 + 2 * L1 + L4 + 6 / 'Z' STO+ H 'X'
       STO+ »

RUKU2: « 'H' STO 'E' STO 'Z' STO 'Y' STO 'X' STO DO
            MYZ UNTIL X E ≥ END Y Z »

Es werde $X = 0$, $Y = 0$, $Z = 0$, $H = 0.1$ und $E = 1$ gewählt.
Eingabe:
0 0 0 1 0.1 RUKU2

Ausgabe: für $y(1)$: 0.833333333331   exakte Lösung: 5/6
               für $z(1)$: 0.166666666668   exakte Lösung: 1/6

2. Gegeben sei das Anfangswertproblem:

$$y' = 3y - z$$
$$z' = y + z$$
$$y(0) = 3 \,, \ z(0) = 0.$$

Gesucht sei die Lösung an der Stelle $x = 1$.

Die geänderten Funktionen:

F: « -> X Y Z « Y 3 * Z - » »
G: « -> X Y Z « Y Z + » »

Eingabe:
0 3 0 1 0.1 RUKU2

Ausgabe: für $y(1)$: 44.3321255455 exakt: 44.3343365936
               für $z(1)$: 22.1654578202 exakt: 22.1671682968

Eingabe:
0 3 0 1 0.05 RUKU2

Ausgabe: für $y(1)$: 44.3341850306
               für $z(1)$: 22.1670507285

2.5 Zur Berechnung von Eigenwerten

2.5.1 Das Eigenwertproblem

Gegeben seien zwei quadratische n-reihige Matrizen: A und B.

Gesucht werden Lösungsvektoren $X = [x_1, x_2, .., x_n]^T$ und zugehörige Parameter L so daß gilt:

$$A * X = L * B * X.$$

Dann heißt ein Lösungsvektor X Eigenvektor und der Parameter L Eigenwert. Dabei werde L so gewählt, daß der Lösungsvektor nicht trivial ist. Dieses Problem heißt das *allgemeine Eigenwertproblem*. Durch geeignete Transformation läßt sich das allgemeine Eigenwertproblem auf das *spezielle Eigenwertproblem*:

$$A * X = L * X$$

zurückführen. Das spezielle Eigenwertproblem ist numerisch leichter zugänglich.

Direkte Methoden zielen auf das Erstellen und Lösen der charakteristischen Gleichung, die sich aus der Bedingung $\det(A - L*E) = 0$ ergibt. Die linke Seite dieser Gleichung ist ein Polynom vom Grade n, E bedeutet hierbei die n-reihige Einheitsmatrix. Zur Bestimmung der Determinante wird meist die Matrix A-L*E einer Ähnlichkeitstransformation unterworfen, die zu einer Diagonalisierung der Matrix führt. Die meisten bekannten Ähnlichkeitstransformationen lassen jedoch einen sinnvollen Einsatz auf dem HP 28 nicht geboten erscheinen.

Anmerkung zu den Rechnerfunktionen:
Die Hinweise zu den direkten Verfahren lassen möglicherweise den Eindruck entstehen, die im ARRAY-Menu angebo-

tenen Rechnerfunktionen, wie zum Beispiel DET, seien hierfür unmittelbar nutzbar.

Die Funktion DET wertet jedoch symbolische Ausdrücke nicht aus (im Gegensatz zu den trigonometrischen oder logarithmischen Funktionen). Das heißt, Arrays dürfen nur aus reellen oder imaginären Zahlen (in Gleitpunktdarstellung) bestehen, aber keine Symbole (für Variable) enthalten. Ferner arbeitet DET mit einem Näherungsverfahren, so daß die Bedingung det(A) = 0 unter Umständen nicht exakt ausgewertet wird.

Mögliche Ergebnisse der Funktion DET:

Determinante: Ergebnis der Funktion DET:

$$\begin{vmatrix} 1 & 1 \\ 1 & 1 \end{vmatrix} \qquad 0$$

$$\begin{vmatrix} 1 & 1 & 1 \\ 1 & 1 & 1 \\ 1 & 1 & 1 \end{vmatrix} \qquad 1.E-24$$

$$\begin{vmatrix} 1 & 1 & 1 & 1 \\ 1 & 1 & 1 & 1 \\ 1 & 1 & 1 & 1 \\ 1 & 1 & 1 & 1 \end{vmatrix} \qquad 1.E-36$$

Iterative Methoden umgehen meist die Schwierigkeiten bei der Herstellung des charakteristischen Polynoms. Unter den iterativen Verfahren soll hier das Verfahren nach *V. MISES* dargestellt werden. Es eignet sich für praktische Anwendungen, bei denen der dem Betrag nach größte Eigenwert zu bestimmen ist.

2.5.2 Der Algorithmus

Es sei eine diagonalähnliche reelle Matrix A gegeben. Diagonalähnlich heißt: A besitzt n linear unabhängige Eigenvektoren $X_1, .. ,X_n$. Ferner sei L_1 dominanter Eigenwert von A, so daß gilt:

$$|L_1| > |L_2| > .. > |L_n| \ .$$

Zunächst wird als Norm $\|X\|$ von Vektor X die betragsgrößte Komponente von X erklärt: $\|X\| := \max(|x_i|)$. Die hier erklärte Norm heißt auch Tschebyscheff-Norm.

Die Startbedingung des v.Mises-Algorithmus:
Stellen Sie einen beliebigen Startvektor
$Z_0 = [z_1,..,z_n]^T$ auf. Da Sie ohne weitere Untersuchungen beim Start des Verfahrens nicht erkennen können, ob der Vektor eine Komponente im betreffenden Eigenvektorraum besitzt, sollten Sie bei einem weiteren Durchlauf die Komponenten verändern.
Die Iterationsschritte des v.Mises-Algorithmus:
Aus dem Startvektor Z_0 gewinnen Sie durch fortwährende Linksmultiplikation mit der Matrix A die Folge von Vektoren
$Z_1, Z_2, .., Z_k, ...$

$$Z_1 = \frac{A*Z_0}{\|A*Z_0\|}$$

$$Z_2 = \frac{A*Z_1}{\|A*Z_1\|}$$

....

$$Z_{k+1} = \frac{A*Z_k}{\|A*Z_k\|}$$

(2.5.1) Iteration nach v. Mises

Wenn die Matrix A diagonalähnlich ist und einen dominanten Eigenwert L_1 besitzt, dann konvergiert diese Folge gegen einen Eigenvektor zu L_1. Die jeweils mit berechnete Norm $\|A*Z_k\|$ konvergiert gegen den Betrag des Eigenwerts $|L_1|$. Eine konvergente Folge unterscheidet sich nach endlich vielen Schritten nur noch unwesentlich in benachbarten Gliedern Z_k, Z_{k+1}.

Der Algorithmus besteht in der Anweisung, die Iteration in Gang zu halten, bis eine Entscheidung über Konvergenz zum Eigenwert getroffen werden kann. Da der Algorithmus unter Umständen nur langsam konvergiert, sollte die Anzahl der Iterationen und die zu erreichende Genauigkeit von Fall zu Fall vorgegeben werden.

Über den Abbruch der Iteration entscheiden zwei Bedingungen:

1. Wenn für eine vorgegebene Genauigkeit E und zwei aufeinander folgende Näherungswerte die jeweilige Differenz $|\,\|A*Z_k\| - \|A*Z_{k-1}\|\,| < E$ ist, dann wird auf Konvergenz geschlossen und $\|A*Z_k\|$ als Näherung des Eigenwertes angenommen.

2. Wenn nach Durchführung einer vorgegebenen Anzahl von Iterationen keine derartige Regelmäßigkeit erkennbar wird, bricht der Algorithmus ab und die Annahme nur eines betragsgrößten Eigenwertes gilt als verworfen.

Die Vielfachheit eines betragsgrößten Eigenwertes ist übrigens aus dem Verfahren nicht abzulesen.

Der Algorithmus im Struktogramm:

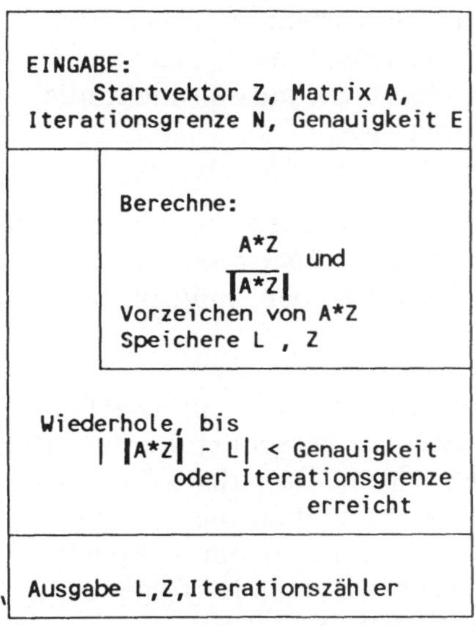

Bild (2.5.2) *v. Mises-Verfahren* für einen Eigenwert

2.5.3 Das Programm

Programmierkonzepte:

Schleife mit mehreren Bedingungen als Abbruchkriterium, lokale Variable, Matrizenbefehle.

Eine interaktive Version des Programms besteht in dieser Anweisungsfolge:

Programm (2.5.3) P1 :

```
« A  Z  *  DUP  RNRM  INV  *  'Z'  STO  Z » .
```

Speichern Sie die Matrix A und den Startvektor Z unter den
Namen 'A' und 'Z' ab. Jeder Programmaufruf erzeugt einen
Iterationsschritt und zeigt als Zwischenstand den Vektor Z im
Display an. In der Folge der Vektoren erkennen Sie im Fall
der Konvergenz einen Eigenvektor, jedoch nicht den
gesuchten Eigenwert. Für einen Überblick müssen nicht alle
Stellen angezeigt werden. Die Anweisung
$\boxed{\text{MODE}}$ 3 $\boxed{\text{FIX}}$ schaltet vom Standardanzeigeformat auf

ein Anzeigeformat mit drei Nachkommastellen um. Sie können
nun mehr Komponenten auf einen Blick übersehen. Da die
Zwischenergebnisse auf dem Stack verbleiben, müssen diesen
gelegentlich leeren.

Zur Bestimmung des Eigenwertes muß die Tschebyscheff-
Norm $\|A*Z\|$ bei jedem Iterationsschritt berechnet werden. Die
Funktion RNRM bildet die verlangte Norm. Da jedoch die Norm
kein Vorzeichen mitführt, muß das Programm dieses separat
bestimmen. Das Vorzeichen ergibt sich aus einem Vergleich
entsprechender Komponenten zweier aufeinander folgender
Vektoren Z_k und Z_{k+1}. Bei Vorzeichenwechsel entsprechender
Komponenten wird der gesuchte Eigenwert mit negativem
Vorzeichen versehen. Der Zugriff auf die Komponenten der
Vektoren läßt sich jedoch vermeiden, wenn man das
Skalarprodukt von Z_k und Z_{k+1} bildet, das einen
Vorzeichenwechsel mit negativem Vorzeichen signalisiert.
Hierbei kann lediglich das Skalarprodukt verschwinden. Dieser
Sonderfall ist aber bei konvergierendem Verfahren
auszuschließen. Das Programm P2 zeigt zusätzlich zum Vektor
Z_{k+1} noch den möglichen Eigenwert L an.

Programm (2.5.4) P2:

```
« A  Z  *  DUP  DUP  Z  DOT  SIGN  'VZ'  STO  RNRM
    DUP  'L'  STO  INV  *  'Z'  STO  Z  L  VZ  *  »
```

Die Funktionen DOT und RNRM können Sie aus der Menuzeile des
ARRAY-Menus übernehmen.

Anweisungen:	Erläuterung:
A Z *	Die Matrix A und der Vektor Z werden multipliziert. D.h.: aus Z_k entsteht Z_{k+1}.
DUP DUP Z DOT SIGN 'VZ' STO ~	Z_{k+1} wird zweimal dupliziert. Das Vorzeichen des Eigenwertes ergibt sich aus dem Skalarprodukt von Z_{k+1} mit dem Vorgänger Z_k. Die Funktion SIGN liefert $+1$ oder -1 fürs jeweilige Vorzeichen. Der erhaltene Wert wird in 'VZ' gespeichert.
RNRM DUP 'L' STO INV *	Vektor Z_{k+1} ist noch doppelt auf dem Stack vorhanden. Die Funktion RNRM nimmt einen Vektor vom Stack und hinterläßt die Norm $\|Z_{k+1}\|$. Die Norm wird als eventueller Eigenwert unter dem Namen 'L' gespeichert und schließlich zur Normierung von Z_{k+1} herangezogen. Der HP 28 kann einen Vektor nicht durch einen Skalar dividieren, daher die scheinbar umständliche Konstruktion der vorherigen Invertierung von L.
'Z' STO Z L VZ *	Der nunmehr normierte Vektor Z_{k+1} ersetzt den Vorgänger. Z_{k+1} und der mögliche Eigenwert L mit seinem Vorzeichen VZ werden angezeigt.

Mit dem Programm P2 können Sie interaktiv eine Lösung des Eigenwertproblems herbeiführen. Dazu muß die Matrix A und der Startvektor Z unter dem jeweiligen Namen abgespeichert sein. Dann führt jeder Aufruf von P2 zu einem Iterationsschritt, und Sie können beurteilen, ob der Prozess

abgebrochen werden soll oder ob eine Weiterführung noch
sinnvoll ist. Die Zwischenergebnisse bleiben zum Vergleich
auf dem Stack, der daher bereinigt werden muß. Mit der
interaktiven Variante gewinnen Sie einen Überblick, wie die
Parameter für ein autonom arbeitendes Programm gewählt
werden sollten. Unterscheiden sich zwei aufeinander folgende
Werte von L nur noch geringfügig, dann kann das Verfahren
mit L*VZ als Eigenwert und Z als Eigenvektor abgebrochen
werden. Ist auch nach vielen Iterationsschritten noch keine
Regelmäßigkeit zu erkennen, dann bricht das Verfahren ohne
Aussage über einen Eigenwert ab. Prüfen Sie in diesem Fall
neue Startvektoren.

Das Programm P3 führt die Iteration selbständig durch, bis
sich zwei aufeinanderfolgende Werte von L um höchstens
einen Fehler E unterscheiden oder eine maximale
Iterationszahl N erreicht wurde.

Eingabe: Matrix A, Startvektor Z, maximaler Fehler E,
                  maximale Iterationsschritte N

Ausgabe: Eigenwert L, Eigenvektor Z, durchlaufene
                  Iterationsschritte IT

Das Programm P2 wird dazu in die folgende Prozedur
überführt:

Prozedur (2.5.5) ML:

```
« A  Z  *  DUP  DUP  Z  DOT  SIGN  'VZ'  STO  RNRM
    DUP DUP TEST 'L' STO INV * 'Z' STO »
```

Die Ausgabeanweisungen am Ende der Prozedur sind entfal-
len, da sie nur am Ende des Gesamtprogramms benötigt werden. Die Abbruchbedingung für das Programm muß getestet
werden, wenn der alte und der neue Näherungswert für den
Eigenwert greifbar sind. Das ist nach der Berechnung von
RNRM der Fall, aber bevor der Wert in der Variablen L gespeichert wurde. Die Prozedur TEST stellt dies fest.

Prozedur (2.5.6) TEST:

```
« -> X « IF  X  L  -  ABS  E  <  THEN  1  SF  END » »
```

Anweisungen:	Erläuterung:
-> X « IF X L - ABS E <	In die lokale Variable X wird der neue Kandidat für den Eigenwert vom Stack übernommen und die Differenz zum alten Wert L getestet.
THEN 1 SF END	Ist diese kleiner, dann wird Flag 1 gesetzt. Das Hauptprogramm verwendet Flag 1 als Abbruchbedingung. Da zum Programmstart Flag 1 mit CF gelöscht wurde, ist das Flag zu jedem Zeitpunkt in einem wohldefinierten Zustand. Freilich sollte gesichert sein, daß andere Routinen nicht zu gleicher Zeit Flag 1 manipulieren. Ferner sollte es für andere Programme jeweils in einen definierten Zustand versetzt werden.

Das aufrufende Hauptprogramm muß eigentlich nur die Schleife mit allen wichtigen Daten versorgen:

Programm (2.5.7) P3:

```
« 'N' STO 'E' STO 0 'L' STO 0 'IT' STO 1 CF  DO ML 1
  'IT' STO+  UNTIL 1 FS? N IT < OR END Z L ▼Z * »
```

Die Kommandos DO, UNTIL, OR und END können Sie dem BRANCH-Menu übernehmen.

Anweisungen:	Erläuterung:
`'N' STO 'E' STO 0 'L'` `STO 0 'IT' STO 1 CF`	N und E haben die im Struktogramm festgelegte Bedeutung und werden vom Stack übernommen. A und Z werden <u>nicht</u> jedesmal neu eingelesen, da möglicherweise mehrere Läufe mit der gleichen Matrix und bei verschiedenen Zwischenständen des Vektors Z durchgeführt werden. L wird sicherheitshalber mit 0 initialisiert, der Schleifenzähler IT neu eingestellt und Flag 1 auf 0 gesetzt.
`DO ML 1 'IT' STO+`	Der Schleifenkern besteht nur im Aufruf der Prozedur ML und dem Hochzählen des Schleifenmerkers.
`UNTIL 1 FS? N IT < OR` `END`	Zur Verdeutlichung: Bedingung 1 ist "1 FS?", Bedingung 2 ist "N IT <". Die Abbruchbedingung lautet: Bed.1 Bed.2 OR. Wenn in TEST Flag 1 gesetzt wurde, dann ist die Konvergenzbedingung erfüllt. Wenn der Schleifenzähler IT die Grenze N übersteigt, dann war die Konvergenzbedingung bisher nicht erfüllt. Eine der beiden Bedingungen reicht zum Abbruch der Schleife. Auch dem OR müssen die beiden Argumente vorausgehen.
`Z L VZ * IT`	Das Ergebnis wird auf den Stack gelegt.

Am Schleifenzähler kann abgelesen werden, aus welchen
Gründen die Iteration abgebrochen wurde. Hat IT die Zahl N
noch nicht überschritten, kann auf Konvergenz geschlossen
werden. Andernfalls ist es möglich einen weiteren Zyklus
sofort anzuschließen, wenn die Vermutung besteht, daß das
Verfahren nur langsam konvergiert. Der noch im Speicher
befindliche Vektor Z kann als Startvektor übernommen
werden. Schließlich kann ein Test mit einem neuen Startvektor
zu einem anderen Ergebnis führen. Nützlich erscheint auch
folgende Strategie: für einen ersten Programmlauf nicht sofort
eine hohe Genauigkeit wählen. Erst wenn sich herausstellt,
daß das Verfahren bei einer niedrigen Genauigkeit einen
Eigenwert findet, startet man das Verfahren mit einer höheren
Genauigkeit erneut, wobei man als Startvektor die schon
gefundene Näherung beibehält. Zum Test sollte man die
beiden Seiten der Gleichung A*Z = L*Z bestimmen und
vergleichen.

2.5.4 Protokoll eines Programmablaufs

1. Wenn Sie unter Kontrolle der einzelnen Schritte eine Lösung bestimmen wollen, dann reicht Version P2 aus.

P2:
```
« A  Z  *  DUP  DUP  Z  DOT  SIGN  'VZ'  STO  RNRM
   DUP  'L'  STO  INV  *  'Z'  STO  Z  L  VZ  *  »
```

Speichern Sie die Matrix unter dem Namen 'A' sowie einen
Startvektor unter dem Namen 'Z'. Rufen Sie jetzt P2 über die
Menutaste des USER-Menus auf. Sie können die iterierten
Werte für Eigenvektor und Eigenwert im Display verfolgen.
Achten Sie auf eine mögliche Überlastung des Stack durch
'alte' Werte, die mit CLEAR zu löschen sind.

2. Für die Eingabe der allgemeinen Version beachten Sie, daß insgesamt neun Namen im Display des USER-Menus eingetragen werden. Wenn Sie oft benötigte Variable auf einer Displayseite halten wollen, dann sollten Sie das durch eine entsprechende Reihenfolge bei der Eingabe der Variablen vorbereiten, indem Sie die eigentlich im Programm erzeugten Variablen E (für die maximale Abweichung) und N (für die maximale Anzahl von Schleifendurchläufen) zuerst mit dem Wert 0 initialisieren. Später eingegebene Variable, auch die Prozedurnamen, werden davor eingetragen.

Prozeduren:

TEST:

```
« -> X « IF  X  L  -  ABS  E  <  THEN  1  SF  END » »
```

ML:

```
« A  Z  *  DUP  DUP  Z  DOT  SIGN  'VZ'  STO  RNRM
   DUP DUP TEST  'L'  STO  INV  *  'Z'  STO »
```

P3:

```
« 'N'  STO  'E'  STO  0  'L'  STO  0  'IT'  STO  1  CF
   DO  ML  1  'IT'  STO+  UNTIL  1  FS?  N  IT  <  OR
   END  Z  L  VZ  *  »
```

Matrix A:

$$\begin{bmatrix} 1 & 4 & 4 & 5 \\ 2 & -1 & 6 & 5 \\ -6 & 5 & 1 & 3 \\ 12 & 2 & 5 & 17 \end{bmatrix}$$

Startvektor Z: [1 1 1 1]

Eingabe:

[[1 4 4 5[2 -1 6 5[-6 5 1 3[12 2 5 17 `ENTER` 'A `STO`

[1 1 1 1 `ENTER` 'Z `STO`

Starten Sie das Programm mit der Eingabezeile: 0.00001 50
und der Taste P3 im USER-Menu.

Ausgabe:

1: 0.314645223159   2: 0.276761944964
3: 0.119276692387   4: 0.999999999999

für die einzelnen Komponenten des Eigenvektors und

21.9256466998 für den Eigenwert. Wenn Sie noch IT inspizieren, erhalten Sie 10.

Der gleiche Startvektor führt mit der Genauigkeit
$E = 0.0000001$ und der Iterationszahl $N = 50$ zu einer
Veränderung bei den ersten drei Komponenten des
Eigenvektors von der sechsten Dezimalen an und ergibt den
Eigenwert 21.9256489095.

Zur Kontrolle vergleichen Sie A*Z mit L*Z. Bilden Sie die
beiden Produkte (L und Z stehen im Display, A und L
werden aufgerufen) sowie die Differenz dieser Vektoren.
Ergebnis:
[1.8E-9 2.575E-8 1.844E-8 2.22E-8]
Die gefundene Iterationszahl war 14.

Literaturverzeichnis

[1]   Becker,Dreyer,Haacke,Nabert:
Numerische Mathematik für Ingenieure, Stuttgart 1985

[2]   Braun,M.: Differentialgleichungen und ihre Anwendungen, Berlin 1979

[3]   Bronstein-Semendjajew: Taschenbuch der Mathematik, Leipzig 1969

[4]   Jordan-Engeln,G. Reutter,F.: Formelsammlung zur numerischen
Mathematik mit Standard-FORTRAN-Programmen, Mannheim 1981

[5]   Möschwitzer,A. Hrsg.: Formeln der Elektrotechnik und Elektronik,
München 1986

[6]   Nöbauer/Timischl: Mathematische Modelle in der Biologie,
Wiesbaden 1979

[7]   Rast,R.: Formeln der Mathematik/Hrsg. H.Netz, München 1983

[8]   Schwarz,H. R.: Numerische Mathematik Stuttgart 1986

[9]   Stoer/Bulirsch: Einführung in die numerische Mathematik II,
Berlin 1978

[10]   Stoer,J.: Einführung in die numerische Mathematik I, Berlin 1979

[11]   Werner,H. Werner,I. Janßen,P. Arndt,H.: Probleme der Mathematik I,
Mannheim 1980

[12]   Werner,H. Werner,I. Janßen,P. Arndt,H.: Probleme der Mathematik
II, Mannheim 1980

Sachwortverzeichnis

---

¹Digitalisieren = Koordinaten eines Punktes aus dem Graph entnehmen